BAUER trifft Bloggerin

Ehrensache Ehrenamt: Was Gerd Sonnleitner und
Julia Nissen antreibt

Inhalt

6 Vorwort

8 Das Ehrenamt

10 Starke Charaktere

24 Meine Kindheit

30 Schulzeit & Jugend

36 Wege ins Ehrenamt

46 Wie Vorbilder prägen

54 Was uns antreibt

64 Rückgrat & Stärke

74 Klarer Kompass

80 Die Geldfrage

84 Die Familie trägt

92 Im Gleichgewicht

102 Für mich & für andere

110 Satt & müde

120 Ehrenamt im Wandel

128 Gemeinsam stark

138 Neue Wege gehen

146 Lebensläufe

158 Der Geist von Husum

168 Impressum

Vorwort

Begeisterung fürs Ehrenamt, die ansteckt.

Junge, engagierte Deichdeern aus Nordfriesland trifft gestandenen Bauern aus Niederbayern. Was das Nordlicht und den Bayern eint: ihre Begeisterung fürs Ehrenamt.

Der landwirtschaftliche Berufsstand war immer schon überdurchschnittlich engagiert. Das stärkte die Solidarität unter den Landwirten – und tut es heute wieder.

Die Bewegung „Land schafft Verbindung“ ist in kurzer Zeit fast aus dem Nichts entstanden und hat große Wirkung entfaltet. Gleichzeitig wird der „normale“ Einsatz in Landjugend und Bauernverband weniger. Das ist schade. Langfristig wird es den Berufsstand schwächen.

Wer Julia Nissens und Gerd Sonnleitners Herzblut fürs Ehrenamt zwischen allen Zeilen dieses Buches liest, spürt ihre Begeisterung. Und: Wer ehrenamtlich aktiv ist, tut nicht nur etwas für die Allgemeinheit, sondern auch für sich selbst. Lassen Sie sich anstecken, liebe Leserinnen und Leser!

Ihr Autorenteam

Die Autoren: Dr. Ludger Schulze Pals, Reingard Bröcker und Kathrin Hingst.

Ehren-Amt!

Warum Engagement heute so wichtig ist.

Feuerwehrleute, Gemeinderatsmitglieder, Katastrophenschützer, Fußballtrainer, Öffentlichkeitsarbeiter oder Berufsstandsvertreter: Ohne ihre Arbeit würden viele Bereiche des öffentlichen Lebens schlechter oder gar nicht funktionieren.

Sie wollen helfen. Ihr Engagement hilft aber nicht nur den Nutznießern. Es hilft auch den Helfern selbst. Sie tun etwas Sinnvolles, bewegen etwas, bewältigen reizvolle Aufgaben. Geben Dankbarkeit für ein erfülltes Leben zurück. Das treibt die Helfer an.

FÜR MICH UND FÜR ANDERE

Der individuelle Beitrag zum allgemeinen Wohl gilt vielen Menschen in unserer Gesellschaft als unverzichtbar für ein sinnerfülltes Leben. Oder, wie Gerd Sonnleitner es ausdrückt: Wer körperlich und geistig gesund – und nicht über Gebühr belastet ist – hat die Pflicht, sich ehrenamtlich einzubringen. Doch die Zahlen sprechen eine andere Sprache. Trotz des immer noch großen Engagements vieler, klagen Vereine, Verbände, Kirchen und karitative Einrichtungen immer häufiger über Freiwilligen-Mangel.

Dabei kommt dem Ehrenamt gerade in Zeiten von Filterblasen und Vereinzelung eine hohe Bedeutung zu – auch für die Integration gesellschaftlicher Gruppen.

ZUKUNFT DES EHRENAMTS

Wie kann man Menschen heute motivieren, sich einzubringen? Sie aus dem Wohnzimmer in die Turnhalle, ans Rednerpult und in die Verantwortung bringen? Wie ihnen die Vorteile ehrenamtlicher Arbeit nahebringen? Ihnen klarmachen, dass sie den Zeitaufwand und die Zusatzarbeit allemal wert ist?

Gerade für die kleiner werdende landwirtschaftliche Branche, die Unternehmer ebenso wie die Flächeneigentümer, sind engagierte Vertreter und eine inspirierte, starke Öffentlichkeitsarbeit von elementarer Bedeutung.

Ein Weg: Zwei hoch motivierten Ehrenamtlern zuhören. Ihre Erfahrungen, ihre Begeisterung, ihre Beweggründe verstehen – und sich mitreißen lassen. Buch frei für Gerd und Julia. Ehren-Leute, beide.

Kraftquelle: Der historische Brunnen des Sonnleitner-Hofs in Rottersham.

Starke Charaktere

Julia und Gerd stellen sich vor

Zwei unterschiedliche Charaktere begeistern sich gleichermaßen fürs Ehrenamt. Was treibt Julia und Gerd an?

Sie, die junge Bloggerin. Laut, extrovertiert, sowohl virtuell als auch in der Realität ständig mit Kommunizieren beschäftigt. Dabei immer auf Achse, meistens mit dem Zug zwischen Nordfriesland und Berlin unterwegs.

Er, gestandener Landwirt und Präsident des Bauernverbandes a.D. Tritt ruhig und bescheiden auf. Macht vieles mit sich selbst aus. Seine Freunde trifft er nur selten. Aber wenn, ist alles wie immer. In seiner Freizeit kümmert er sich am liebsten um die Bäume und Hecken auf dem Hof in Rottersham.

So unterschiedlich sie sind: Beide haben eine wichtige Gemeinsamkeit. Einen Großteil ihrer Energie und Zeit widmen und widmeten sie ihren Ehrenämtern, trotz zahlreicher anderer Aufgaben, die auf sie warten. Ähnliche Gründe treiben sie an.

Sie verspüren beide schon in der Jugend den Wunsch, etwas beizusteuern. Ungerechtigkeiten, schlecht organisierte Abläufe, Mauscheleien, wecken in beiden das Bedürfnis, sie abzustellen. Etwas zu verändern. Beide fühlen eine starke Verpflichtung gegenüber der Gesellschaft, sich einzubringen.

Julia Nissen

Sie mag Trubel. Ihr Alltag ist straff durchgetaktet.

Sie ist laut, extrovertiert, manchmal schrill angezogen und ständig auf ihren Social-Media-Kanälen präsent. Julia Nissen hat in der Agrarbranche trotz ihrer jungen Jahre bereits einen beachtlichen Bekanntheitsgrad erreicht. Was treibt die junge Frau an?

JULIA KANN AUCH LEISE

Starke, unabhängige Frauen prägten Julia Nissens Kindheit und wurden für sie persönliche Vorbilder. Ihre Mutter leitete das Landhandels-Unternehmen der Familie. Aber auch die Großmutter habe schon immer den Laden zusammengehalten. „Beide sind tough, durchorganisiert und dabei herzlich. Nachahmenswert", beschreibt Julia ihre Verwandten. Von ihrem Vater hat sie gelernt,

dass auch Spaß und Leichtigkeit für ihr Leben wichtig sind.

Julia Nissen fühlt sich wohl im Mittelpunkt. Situationen, Menschen und Zusammenkünfte inspirieren sie und geben ihr Energie. Trubel macht ihr, auch bedingt durch ihre Landhandels-Kindheit, Spaß.

STRUKTURIERT UND PLANVOLL

Doch die hippe Bloggerin hat auch eine nachdenkliche Seite. Das Jahresende ist für sie als Ruhe- und Denkpause immens wichtig. „Dann mache ich die Schotten dicht. Denke über das Vergangene nach und bereite mich auf das Kommende vor. Mache Pläne. Welche Ziele habe ich, was möchte ich verändern? Das brauche ich dringend, um mich zu verorten."

Wer sowohl virtuell als auch in der Realität so gut vernetzt ist wie Julia, muss gut kommunizieren – und so manche Kritik einstecken können. Manchmal gilt es auch einfach nur, Missverständnisse oder negative Rückmeldungen auszusitzen. „Im Sabbeln war ich schon immer gut", sagt Julia und schmunzelt. „Aber beschäftigen mich Dinge länger als zwei Tage, spreche ich sie an." Vieles könne sie nicht allein mit sich selbst ausmachen. Wichtige Dinge bespreche sie dann mit ihrem Mann. „Er hat das Talent, Dinge ins rechte Licht zu rücken."

Als Mutter von zwei kleinen Kindern, Vollzeit-Berufstätige und Pendlerin zwischen Nordfriesland und Berlin ist ihr Tagesablauf durchgetaktet und fast komplett verplant. Trotzdem schafft sie es, nebenbei ihren Blog zu pflegen, ehrenamtlich Nordfrieslands „Junge LandFrauen" zu gründen und in ihrer zweiten Elternzeit die „App aufs Land", eine Plattform für Landerlebnisse von privat zu privat, zu starten.

„Das geht nur mit guter Organisation", erklärt sie. Gelernt habe sie diese nicht nur von ihrer Mutter und ihrer Oma, sondern auch an der Landfrauenschule in Hademarschen. Außerdem habe sie das Glück, dass ihr Mann ihr bei der Betreuung der Kinder den Rücken freihalte. Gleichberechtigung ist Familie Nissen wichtig.

VERÄNDERN UND GESTALTEN

Leerlauf gibt es in ihrem Alltag dennoch kaum. Doch bereits der Wechsel zwischen Berlin und Bargum nimmt Tempo aus dem Leben. „Wenn ich zu Hause ankomme, dann ist schon ganz viel Stress weg."

Das Reden, Schnacken und Vernetzen liegt Julia im Blut, ist für sie nicht anstrengend. Bekäme die 31-Jährige jedoch eine Stunde Zeit am Tag geschenkt, würde sie ihren Schlaf verlängern. „Sieben Stunden wären traumhaft."

Eine ihrer wichtigsten Triebfedern ist das Bedürfnis, finanziell unabhängig zu sein. Außerdem hat sie einen ausgeprägten Gerechtigkeitssinn. Wenn im Umfeld etwas nicht stimmt, verspürt sie den Drang, es zu ändern. „Viel meines Engagements rührt daher", sagt sie.

Wo ich wohne?

Bargum, Nordfriesland.

Eine Person, die ich treffen möchte?

Barbara Schöneberger.

Was für mich Heimat ist?

Ein freundliches Moin.

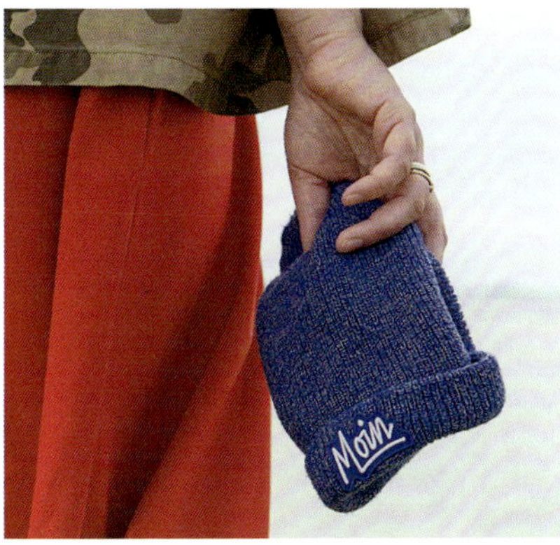

Was ich am liebsten habe?

Frischen Wind um die Nase.

Gerd Sonnleitner

Er hat den Willen, zu verändern und bleibt bescheiden.

Gerd Sonnleitner, Bauernpräsident von 1991 bis 2012. Meist im Anzug. Immer unterwegs zwischen Bonn, Berlin und dem Hof in Rottersham. Korrekt und klug, auch streitbar. Mit seinen klaren Positionen hat er sich nicht nur Freunde gemacht. Doch wer ist die Person, die viele nur hinter dem Stehpult kennen?

Gerd Sonnleitner war schon immer ein politischer Mensch. Bereits in der Jugend begeisterte er sich für den Politikteil der Zeitung. Bekäme er jeden Tag eine Stunde geschenkt, würde er „in einen Kiosk gehen und sich noch mehr Zeitungen kaufen", sagt er im Gespräch.

GERD WILL GESTALTEN

Doch gut informiert zu sein, hat Gerd schon in jungen Jahren nicht

ausgereicht. Er wollte gestalten, hatte einen starken Veränderungswillen. Das traditionalistische und konservative Bayern empfand er als eingefahren und beengend. Es hungerte ihn nach anderen Positionen und Weltanschauungen. „Ich hatte lange Haare. Die erste Zeitung, die ich regelmäßig las, war das tiefrote Szeneblatt ‚konkret', das der Meinhoff-Ehemann Röhl verantwortete", erinnert er sich.

Nie hatte er ein Problem damit, für seine Überzeugungen einzustehen und die Konsequenzen zu tragen. So brachte ihm die Einladung eines FDP-Politikers zu einem Jungbauernschafts-Abend ein Parteiordnungsverfahren der CSU ein. „Das Verhalten der Parteikollegen fand ich damals so spießig, dass ich direkt freiwillig aus der Partei ausgetreten bin", sagt er heute.

UNBEQUEM UND GRADLINIG

Auf die Palme brachten ihn Ungerechtigkeiten, falsche Entscheidungen und Mauscheleien schon immer. Einige Posten verlor er durch seine unbequeme Gradlinigkeit. Doch so hart Gerd in Sachfragen diskutierte: „Es war immer so, dass wir uns danach noch in die Augen sehen konnten", bestätigt er.

Auch in der Frauenfrage zeigte sich stets Gerd Sonnleitners moderne Seite. „Ich habe schon immer vehement für eine Quote gekämpft und war der Letzte, der eine Frau nicht eingestellt hätte, weil sie schwanger werden könnte."

Doch Gerd ist nicht nur ein politischer Mensch, sondern auch ein gläubiger Katholik. Die Sicht auf menschliche Verhaltensweisen, die die Bibel aufzeigt, empfinde er als zutiefst weise. Aber die Schöpfungsgeschichte, das ewige Leben: Je älter er werde, desto mehr hadere er mit manchen Kirchenpositionen. „Je mehr ich mich meinem eigenen Ende nähere, desto mehr Zweifel beschleichen mich." Dennoch ist es für ihn wichtig und richtig, sonntags oft den Gottesdienst in der Kirche in Rottersham zu besuchen.

DER HOF IST HEIMAT

Gerd Sonnleitner ist auf dem Hof in Rottersham fest verwurzelt. Für ihn gibt es keinen schöneren Platz auf Erden. „Wenn ich das efeubewachsene Hoftor sehe, dann ist das für mich Heimat. Das war es schon immer und wird es auch immer bleiben", sagt er.

Gerd Sonnleitner ist selbstgewiss, ein Mann, der sich seiner Talente bewusst ist und gelernt hat, sich im Laufe seines Lebens darauf zu verlassen. Aber dabei ist er bescheiden geblieben, stellt nur geringe Ansprüche an seine Freizeit und an andere, was sicherlich auch seiner strengen Erziehung geschuldet ist. Die Aufgaben, die sich ihm gestellt haben, hat er angenommen und nie hinterfragt. „Auch als der Terminkalender zu platzen drohte, habe ich nie aufbegehrt. Die Aufgaben mussten erledigt werden. Also habe ich sie erledigt", sagt er schlicht.

Was ich am liebsten höre?

Ich lausche der Natur.

Meine Lieblingsjahreszeit?

Der Frühling.

Wo ich wohne?

Rottersham bei Passau.

Eine Person, die ich treffen möchte?

Xi Jinping.

Julia Nissen

- 32 Jahre (Jahrgang 1987)
- Landhandels-Tochter, Energiebündel, Organisationstalent
- versprüht gute Laune und Offenheit
- echtes Nordlicht: Aufgewachsen in Kellinghusen (Kreis Steinburg), lebt jetzt in Bargum an der dänischen Grenze
- schnackt Platt und ansonsten Norddeutsch-Geradeaus
- verheiratet mit Volker Nissen, Mutter von zwei Kindern
- Landleben-Bloggerin (www.deichdeern.com) und Initiatorin der digitalen Vermittlungsplattform für Landerlebnisse „App aufs Land“
- Pendlerin zwischen (Haupt-) Stadt und Land: Mitarbeiterin beim Forum Moderne Landwirtschaft e. V., Berlin
- Bargum goes Bullerbü: Mittsommerfest jeden Juni in ihrem Garten

Gerd Sonnleitner

- 71 Jahre (Jahrgang 1948)
- Bauernbub, Landwirt mit Herz und Verstand, Freigeist und Frühaufsteher
- verheiratet mit Rita, Vater von Tini und Tobi, sechsfacher Großvater
- ruhig, bei sich, bescheiden
- waschechter Bayer, fest verwurzelt auf dem historischen Familienhof in Rottersham (Ruhstorf a. d. Rott)
- Leseratte, Kunstfan, Architektur- Kenner
- Ex-Präsident des Deutschen Bauernverbandes (Nachfolger von Heereman, Vorgänger von Rukwied)
- verreist nur in die Abgeschiedenheit einer Almhütte in der Steiermark
- mag Pasta, Knödel, Brot, Kartoffeln – und „'n richtig gutes Rib-Eye"
- möchte gerne mal eine lange Wanderung unternehmen

Reisen?

Am liebsten mit dem Zug!

Mein erster Kaffee am Morgen?

Schwarz und stark.

Wie oft ich in die Kirche gehe?

Nur zu Weihnachten.

Was ich gerne trage?

Am liebsten Kleider.

Reisen?

Am liebsten gar nicht mehr!

Mein erster Kaffee am Morgen?

Espresso mit Milch.

Wie oft ich in die Kirche gehe?

Nicht jeden Sonntag, aber oft.

Was ich gerne trage?

Cordhose, Hemd oder Pullover.

Meine Kindheit

Wie alles begann

Welten trennen die Kindheiten von Julia Nissen und Gerd Sonnleitner. Und doch gibt es eine Gemeinsamkeit.

Gerd Sonnleitner wuchs in den 1950er Jahren in Rottersham im Landkreis Passau, Niederbayern, auf. Seine Erziehung beschreibt er als streng und wenig gefühlsbetont. Prägend außerdem: Die Sparsamkeit der Eltern. Das Kind, das auf dem Gut in Einzellage als Hofnachfolger aufwächst, ist ernst. Zwar ist auf dem Hof viel Leben, aber Gleichaltrige gibt es nicht. Das Verhältnis zu den Geschwistern ist kühl. Wohl fühlt sich Gerd bei den einquartierten Flüchtlingsfamilien.

Julia Nissen dagegen verlebt ihre Kindheit in den 1990er Jahren im Landkreis Steinburg, Schleswig-Holstein. Ein quirliges Leben im familiären Landhandel zwischen Lkw-Fahrern, Landwirten und herzlicher Familienbande. Dabei drei starke Frauen: ihre Mutter und Großmütter väter- und mütterlicherseits.

VERBINDLICHE AUFGABEN

Was diese beiden Kindheiten verbindet, ist der frühe Bezug zum Betriebsgeschehen. Sowohl Gerd als auch Julia dürfen und müssen sich in ihrer Kindheit im Arbeitsalltag einbringen, werden früh an eigene Aufgaben herangeführt.

Julia

Im Betrieb der Eltern verliert sie die Scheu vor Fremden.

Ich hatte eine abwechslungsreiche, schöne Kindheit. Ich bin im laufenden Betrieb meiner Eltern aufgewachsen, einem Landhandel mit damals rund zwölf Mitarbeitern und viel Kundenverkehr auf dem Hof. Neben meiner Mutter arbeiteten auch mein Onkel und meine Oma im Betrieb. Langeweile kannten mein jüngerer Bruder Philip und ich kaum. Meine Mutter leitet die Geschäfte mit meinem Onkel bis heute. Bei ihr laufen alle Fäden zusammen. Eine starke Frau, die alles im Griff hat.

All die Jahre hatte ich ständig Kontakt zu den Lkw-Fahrern und den Landwirten. Das war ein ziemlich prägendes Umfeld. Jedenfalls habe ich dadurch früh die Scheu vor Fremden abgelegt. Noch heute mag ich Trubel.

Ich war ein selbstständiges Kind. Im Büro meiner Oma hatte ich einen eigenen kleinen Schreibtisch. Oma hat es verstanden, mich mit kleinen Aufgaben zu versorgen, sodass ich schon früh meinen Beitrag zur Firma leisten konnte. Ich erinnere mich, wie stolz ich war, wenn ich einen Überweisungsträger ausfüllen durfte. Einige Lkw- und Treckerfahrer haben mich gerne mitgenommen. Aber nicht alle: Manchen habe ich auch zu viel gesabbelt und zu viel gefragt.

Meine Geburtstage waren immer bestimmt vom laufenden Betrieb. Meistens haben wir oben mit der Familie kurz Kaffee getrunken, um gleich darauf den Kuchen nach unten zu bringen und mit allen zu teilen. Das fand ich toll.

JULIA MAG LÄRM

Mein Kinderzimmer lag direkt über der Waage. Das ist der Grund, warum ich noch heute bei Lärm am besten schlafen kann. Ich könnte gut in der Nähe eines Bahnhofs wohnen. Wenn absolute Stille herrscht, fehlt mir etwas.

Mein treuester Kindheits-Begleiter war unser Rüde Fritz, eine Mischung aus Schäferhund und Berner Sennenhund. Seit ich als Säugling aus der Klinik kam, ist er mir 13 Jahre lang nie von der Seite gewichen. Wir waren ein Team. Ich finde es schade, dass wir heute in Bargum keinen Hund haben.

yes
acer

Gerd

Bei den Flüchtlingsfamilien fühlt er sich aufgehoben.

Meine Kindheit als Bauernbub verbrachte ich größtenteils draußen am Hof. Das Geschehen und die Arbeit haben mich schon damals begeistert. Ich habe früh Aufgaben übernommen. Mein Vater fand es wichtig, ich habe es nie hinterfragt. Für mich stand schon als kleiner Bub felsenfest, dass ich unseren Hof irgendwann leiten werde. Bis heute gibt es nichts, was mir mehr Freude bereiten könnte.

Mein Bruder war sechs Jahre jünger als ich. Mit meiner Schwester habe ich viel gestritten. Bis heute ist unser Verhältnis kühl. Ich finde das nicht weiter schlimm. So ist es halt. Geprägt haben mich die Flüchtlingsfamilien, die auf dem Gut einquartiert waren. Anusch, ein 17-jähriges Mädchen, war fast so etwas wie eine Ersatzmutter für mich.

Auch der Wenzel aus Tschechien ist mir in bleibender Erinnerung. Beide waren immer da, immer ansprechbar. Wenzel war, wie alle Flüchtlinge, arm. Am Nachmittag bekam ich von ihm oft eine dünne Scheibe Brot, bestreut mit Salz oder Zucker. Etwas anderes hatte er nicht. Diese Scheibe Brot hat mir immer besser geschmeckt, als alles, was wir oben im Haus bekamen.

Die Tragödien, den Hintergrund aus Not, Vertreibung und Elend habe ich als Kind nicht überblickt. Ihr Kosmos hat mich fasziniert, wie sie sich immer zu helfen wussten und solch einen Fleiß mitbrachten. Der Kontakt zu ihnen ist auch im Rückblick für mein Leben ungeheuer wichtig. Er hat mich zu einem glühenden Europäer gemacht.

GENÜGSAM

Meine Eltern erzogen mich zur Sparsamkeit. Wir hatten kein herzliches, warmes Verhältnis, wie es heute üblich ist. Mit zehn Jahren begann für mich das Leben im Internat. Anfangs kam ich nur in den Ferien nach Hause. Heimweh verspürte ich, anders als meine Schwester, nur selten. Und wenn, dann habe ich das mit mir selbst ausgemacht. So ist das auch heute noch. Ich habe gelernt, Dinge oder Aufgaben, die mir bevorstehen, nicht immer zu hinterfragen, sondern einfach zu erledigen, sie anzugehen. Das macht es mir leichter.

Gerd mit seiner 95-jährigen Mutter Juliane auf dem Hof der Familie nahe Passau.

Schulzeit und Jugend

Erwachsen werden

Schulzeit und Jugend formen die Persönlichkeiten von Julia und Gerd. Viele Charakterzüge begleiten sie bis heute.

Kaum eine Zeit im Leben ist so prägend wie die Jugend, bestätigen Soziologen. Das galt bislang für alle Epochen. Für die 1950er und 1960er Jahre, in denen Gerd groß geworden ist, ebenso wie für die Nullerjahre, in denen sich Julias Jugendzeit abspielte. Verhaltensweisen und Einstellungen, die Julia und Gerd bis heute ausmachen, zeigten sich schon damals.

VOM ZEITGEIST INSPIRIERT

Wie es den 1960ern gebührt, trägt Gerd lange Haare, einen Bart, hadert mit Traditionen und liest linke Szene-Zeitschriften. Doch die Eigenschaften, die Gerd auch später charakterisieren, sind schon zu erkennen: Er ist ein stiller Jugendlicher, ehrgeizig und widerspenstig, immer auf der Suche nach einer guten und anregenden Diskussion.

Julia dagegen machen Ungerechtigkeiten wütend. Sie ist eine gesellige Schülerin, die in vielen Situationen vermittelt und sich einbringt. Auch hier schimmert die zukünftige Netzwerkerin bereits durch.

Was ihre Jugend ausgemacht hat, zeigen Julia und Gerd in diesem Kapitel.

Groß werden

Gerd ist ein guter Schüler und Rebell. Julia begleitet Kirchenfreizeiten und hat einen starken Gerechtigkeitssinn.

Gerds Kindheit ist geprägt von strenger Erziehung, Mitarbeit auf dem Hof, Sparsamkeit und einem kühlen, wenig herzlichen Verhältnis zur Familie. Darüber ist er heute weder verbittert noch traurig. „Ich habe da nicht weiter drüber nachgedacht. Ich mochte es so."

Die Disziplin und das Durchhaltevermögen, die ihm auf dem elterlichen Bauernhof abgefordert wurden, sieht er heute als echtes Pfund. Rüben vereinzeln, Stall ausmisten. „Das hat mich robust gemacht. Aufgaben hinterfrage ich heute nicht. Ich mache einfach." Seiner Meinung nach bringt diese Kindheit viele Bauernkinder heute im Beruf weit.

Eine Erinnerung Gerds: Waren er oder die Geschwister einmal krank, wurde sein Vater ungeduldig. „Er stand alle halbe Stunde im Zimmer und fragte, wann wir endlich wieder rauskommen."

Der Umzug in ein strenges und spartanisches katholisches Internat in Passau als 10-Jähriger war für Gerd nicht weiter problematisch. „So kannte ich es ja von zu Hause."

Die weiterführende Realschule mit kaufmännischer Ausrichtung befand sich auch in Passau. Den Besuch dort verdankt er einer liberal eingestellten Tante, die im Kloster lebte und sich einsetzte, dass der kluge Junge eine gute Schule besuchte.

Obwohl die Eltern sonst sparsam waren, förderten sie seine Schullaufbahn und bezahlten die teure Unterbringung. Einige Jahre lang kam Gerd nur in den Ferien nach Hause. Von Heimweh war er, anders als die Geschwister, kaum geplagt. „Ich habe die Zugfahrt gehasst, denn da haben alle geraucht. Ich war froh, wenn ich nicht heimfahren musste."

HOF STATT ABITUR

Auch während der Passauer Zeit stand für den Bauernsohn fest, dass er auf den Hof zurückkehren würde. „Dort war mein Platz." Seine Eltern

"

Ich war rebellisch. Ich habe immer dagegen gehalten. Egal, um was es ging.

– Gerd Sonnleitner –

sahen ihn immer als Hofnachfolger. Deshalb war für den guten und ehrgeizigen Schüler, der sich durch Nachhilfe ein Taschengeld verdiente, das Abitur keine Option.

Stattdessen entschied er sich für die landwirtschaftliche Ausbildung. Auf die klassische Lehre im elterlichen Betrieb folgen die Gehilfenprüfung und später die höhere Landbauschule. Im Rückblick empfindet Gerd Sonnleitner diesen Werdegang als gut und richtig. Sein Fazit: „Lernen kann man überall und in jedem Umfeld. Es kommt darauf an, was man selbst daraus macht."

Wichtig war für ihn der Blick über den Tellerrand hinaus. Er gelang ihm während zweier Auslandsaufenthalte. Nach Finnland kam er über den Bayerischen Bauernverband, für die USA erhielt er ein Stipendium der McCloy-Stiftung. „Ich habe dort viel gelernt. Über Menschen, andere Kulturen, mich selbst."

GUTER SCHÜLER UND REBELL

Seit Langem wird Gerd Sonnleitner der erste Absolvent, der die höhere Landbauschule mit der Note Eins abschließt. Er ist ehrgeizig, die Noten sind ihm wichtig.

Gleichzeitig ist er streitbar und rebellisch, lehnt sich gegen vieles auf. „Die Lehrer waren intellektuell gut drauf, es hat mir viel Spaß gemacht, mit ihnen zu diskutieren." Auch die Meinungsverschiedenheiten mit dem Vater sind ihm in Erinnerung. „Ich habe immer dagegen gehalten. Egal, um was es ging."

Damals trug er lange Haare, einen, wie er heute sagt, „fürchterlichen Bart" und war generell gegen die Gesellschaft. „Ich wollte kein angepasstes Leben. Eine Zeit lang durfte niemand von mir Fotos machen, weil ich das so spießig fand", sagt er und schmunzelt.

Schon in der Schule zeigt sich sein Interesse an den großen gesellschaftlichen Fragen. Aber auch der

> Ich war eine gesellige Schülerin. Ungerechtigkeiten haben mich aufgeregt.
>
> – Julia Nissen –

Wunsch, zu gestalten: Jahrelang fungiert Gerd als Klassensprecher – genau wie Julia.

GESELLIG UND SOZIAL

Julia ist in ihrer Familie die Erste, die das Gymnasium besucht. „Das hat mich gereizt. Meine Eltern waren jedoch in Sorge, dass ich mich übernehme." Doch Julia zieht „ihren Stiefel durch", fährt ohne zu murren jeden Morgen 16 km mit dem Bus. Sie beschwert sich nie, dass die Freundinnen immer früher im Freibad sind als sie.

Sie sagt auch: „Ich war keine gute Schülerin, aber eine gesellige." Soziale Kompetenzen schimmern bereits damals durch: „Ungerechtigkeit hat mich aufgeregt. Außerdem konnte ich gut Streit schlichten."

Zur Überraschung der Eltern läuft Julias Pubertät weitestgehend unkompliziert ab. Schon jetzt übernimmt sie ihr erstes Ehrenamt bei der Kirche: Sie begleitet jahrelang als Teamleiterin Kinderfreizeiten.

Anders als ihre Altersgenossen entschließt sie sich nach dem Abi nicht dazu, ein Jahr durch die Welt zu jetten. Urlaub, sagt sie, habe ihr noch nie viel bedeutet. Stattdessen entscheidet sich Julia für den Besuch der Fachschule für Hauswirtschaft im ländlichen Raum (Landfrauenschule) in Hanerau-Hademarschen.

HAUSHALT STATT WELTREISE

Heute scheint sie darüber selbst ein bisschen verwundert zu sein: „Fächer wie Backen oder Nähen haben mich nicht interessiert. Und eigentlich bin ich nicht der Typ für ‚vernünftige' Entscheidungen."

Trotzdem hält sie durch, auch wenn ihr der Sinn erst später einleuchtet. Sie lernt, sich anzupassen, ihre Meinung auch mal für sich zu behalten. Kompromisse einzugehen und im Team zu arbeiten. Nach „Feierabend" hilft sie schwächeren Schülerinnen. „Ich habe gespürt: Hier lerne ich viele Dinge fürs Leben. Außerdem war es die solide, praktische Ausbildung, die mir am Gymnasium fehlte", sagt Julia. Sie weiß aber schnell, dass sie beruflich etwas anderes machen möchte.

Den Boden für diese Art Vernunft und Bodenständigkeit bereitet auch bei Julia das Elternhaus. Sie muss sich regelmäßig im Unternehmen einbringen und weiß immer: Der Betrieb steht an erster Stelle.

Auch sie schätzt diese Prägung als wertvoll fürs ganze Leben ein. „Ich habe dadurch gelernt, Arbeit als etwas Selbstverständliches zu betrachten. Es gibt immer Dinge, die gemacht werden müssen. Ich gucke nicht auf die Uhr."

LERNEN UND LEBEN

Nach der Landfrauenschule beginnt Julia ein Landwirtschaftsstudium in Kiel, obwohl sie weder das Studium noch die Landwirtschaft ernsthaft in Betracht gezogen hat. Es steht schon lange fest, dass sie den Landhandel der Eltern nicht übernehmen wird. „Meine Eltern wollten immer, dass ich das tue, was mir Spaß macht."

Das Studium geht sie pragmatisch an: „Ich konnte mir vorstellen, Fachlehrerin zu werden. Bei robusten Landwirten konnte ich immer gegenhalten." Im Laufe des Studiums zeigt sich, dass Kommunikation und Öffentlichkeitsarbeit Julia begeistern. Weil sie schon früh weiß, dass sie viele Praktika und ehrenamtliche Aufgaben parallel absolvieren möchte, entschließt sie sich, ihr Studium selbst zu finanzieren. „Finanzielle Unabhängigkeit war und ist mir bis heute total wichtig."

Außerdem habe sie gewusst, dass die Regelstudienzeit für ihre Pläne nicht ausreichen würde. „Ich wollte mich nicht rechtfertigen müssen, niemandem zur Last fallen", sagt sie.

Im zweiten Semester lernt sie ihren Ehemann Volker kennen, auch er ein Landwirtschaftsstudent. Er ist ihr ruhiger Gegenpol. Nach dem Studium folgt sie ihm nach Nordfriesland, wo die beiden gemeinsam ein altes Reetdachhaus zu einem gemütlichen Heim umbauen und eine Familie gründen.

Zum Mitnehmen

Schulzeit und Jugend...

- haben Julia und Gerd zu den Menschen gemacht, die sie heute sind.
- haben ihre Einstellungen zur Arbeit geprägt. Beide nehmen die Aufgaben, wie sie kommen und gucken nicht auf die Uhr.
- brachten ihren Sinn für Miteinander und Gerechtigkeit schon früh ans Licht.

Wege ins Ehrenamt

Im Kleinen beginnen

Interessante Menschen, ein weiter Horizont, die Chance, zu verändern: Das verbinden Julia und Gerd mit ihren Ämtern.

Für Gerd Sonnleitner steht fest: Wer gesund ist und mit beiden Beinen im Leben steht, hat die Verpflichtung, sich einzubringen. Er selbst und Julia leben diese Einstellung.

Doch es ist nicht nur die Verpflichtung, die sie antreibt. Für ihre Arbeit werden sie reichlich belohnt: Gerd gelingt es, durch sein Engagement über den Tellerrand des Einzelhofs hinauszublicken. Er lernt interessante Menschen kennen und hat die Möglichkeit, intensive Gespräche und bereichernde Rededuelle mit anderen auszufechten, sein Umfeld mitzugestalten.

GEBEN UND NEHMEN

Julia vertieft durch das Ehrenamt ihr Fachwissen über Agrarpolitik, findet ihre Berufung zur Öffentlichkeitsarbeit und bekommt die Möglichkeit, ihre Freizeit anregend mit Gleichaltrigen zu verbringen.

Auf einen langsamen Einstieg mit überschaubaren Ämtern folgten bei beiden herausfordernde Aufgaben, die sie entscheidend geprägt haben. Das zeigt: Wer Engagement und Zeit schenkt, bekommt dies in Form von persönlicher Entwicklung, spannenden Kontakten und Erfahrungen zurück.

Die Netzwerkerin

Julia engagiert sich zunächst im sozialen Bereich und findet später zur Öffentlichkeitsarbeit.

Zu meinem ersten Ehrenamt kam ich über die Kirche. In unserem Landhandel war ein richtiger Sommerurlaub mit meinen Eltern wegen der Ernte nicht möglich. Da habe ich mir eine Alternative gesucht.

Seit ich 16 Jahre alt war, habe ich als Betreuerin die Zeltlagerfreizeiten unserer Kirche begleitet. Acht Jahre war ich so jeden Sommer zwei Wochen auf Sylt. Dort konnte ich etwas erleben und mich gleichzeitig nützlich machen. Das war für mich der ideale Einstieg ins Ehrenamt – überschaubar und nicht zu weit weg von zu Hause.

AGRARPOLITIK VERSTEHEN

Im Studium kam ich erstmals mit der Landjugend in Berührung. Einige Jahre habe ich dort im Agrarausschuss auf Landes- und Bundesebene mitgearbeitet. Das Thema Agrarpolitik kam mir im Studium viel zu kurz, da war der Ausschuss ideal. Man trifft sich mindestens einmal im Monat, lädt Referenten zu aktuellen Themen ein und diskutiert mit ihnen. Das hat mir großen Spaß gemacht – und mein Politikverständnis deutlich verbessert.

Während meines Studiums war ich als Pellkartoffelprinzessin und -königin unterwegs und habe mich in der Fachschaft des Studiengangs und in der Studentengruppe des VDL eingebracht. Die wichtigste Erfahrung dieser Zeit: Man muss immer versuchen, zu vermitteln, um Eskalationen zu vermeiden.

2016 hatte ich die Idee, meinen Blog „Deichdeern“ zu gründen. Er ist mir ein Herzensanliegen. Hier

> “
>
> Man muss lernen, Kompromisse zu finden. Eskalation bringt niemanden weiter.
>
> – Julia Nissen –

Ehrenämter von Julia Nissen

In der Gemeinde

2005 – 2012
Jugendgruppenleiterin Kirche St. Cyriacus, Kellinghusen

Im Studium

2008 – 2015
VDL Studentengruppe Kiel

2010 – 2012
Hohenlockstedter Pellkartoffelprinzessin und -königin

2011 – 2014
Fachschaft Agrar, Uni Kiel, Mentorin für Erstsemester

2011 – 2016
Agrarausschuss der Landjugend SH, Aktives Mitglied

2011 bis heute
Förderverein Landfrauenschule Hademarschen e. V.

Landjugend Bargum, Mitglied

2012 – 2013
Sozialpolitischer Ausschuss des Bauernverbandes SH

2013
TOP Kurs,
Andreas Hermes Akademie, Bonn

Als Berufstätige

2013 – 2014
Öffentlichkeitsausschuss des Bauernverbandes SH, Stellv. Delegierte

2013 – 2015
Arbeitskreis Agrarpolitik vom
Bund der deutschen Landjugend,
Delegierte für SH

2014 – 2017
Bienenladies Äthiopien,
Imkerinnen-Projekt des TOP Kurses

2015 – 2017
Politiknachwuchskurs SH
(politiknachwuchs.de)

2015 bis heute
Mitglied im Ringreiterverein Westre

2016 bis heute
Mitglied LandFrauen Langenhorn

Blog deichdeern.com

2018 bis heute
Gründerin der Jungen LandFrauen
Nordfriesland, Mitglied des Orgateams

Mitglied des DLG-Öffentlichkeitsausschusses

2020
App aufs Land
Landerlebnisse von privat zu privat

"

Mein Blog ist eine
Herzenssache. Hier kann ich
kreativ sein – und etwas für das Image
der Landwirtschaft tun.

– Julia Nissen –

kann ich mich kreativ austoben: Fotografieren, schreiben und mit Menschen, die ich sonst nicht unbedingt treffen würde, in Kontakt kommen.

NICHT NUR SCHNACKEN

Während meiner Zeit beim schleswig-holsteinischen Bauernblatt haben wir den Landwirten oft erzählt, wie wichtig das Thema Öffentlichkeitsarbeit ist. In vielen Seminaren, Vorträgen und fast jedem persönlichen Gespräch war es Thema, dass jeder selbst etwas fürs Image der Landwirtschaft tun muss.

Ich wollte irgendwann nicht mehr nur schnacken, sondern selbst einen Beitrag leisten. In der Elternzeit begann ich zu bloggen. Das Landleben und die Region Nordfriesland sind es wert, dass über sie berichtet wird.

Zwischen Garten- und Kinderinhalten streue ich immer wieder landwirtschaftliche Themen ein. Ich glaube, nur so können wir Landwirtschaft begreiflich machen. Zu 90 Prozent lesen bei mir „Muttis" mit, oft jüngere Frauen bis 40. Darunter befinden sich auch viele Städterinnen. Der Rest meiner Follower sind Landwirte oder Menschen mit Bezug zur Landwirtschaft und zur Agrarszene.

Über den Austausch mit Frauen aus der Region hat sich auch die Gründung der „Jungen LandFrauen Nordfriesland" ergeben. Oft haben die jüngeren andere Themen und brauchen nur einen Rahmen, in dem sie diese besprechen und sich dazu austauschen können.

APP AUFS LAND

Auch in meiner zweiten Elternzeit hat sich für mich wieder ein Herzensprojekt aufgetan: Die „App aufs Land", eine Plattform für Landerlebnisse von privat zu privat.

Hier können Kinder einen Landwirt finden, der sie auf dem Trecker mitnimmt oder Städterinnen sich von einer Landfrau zeigen lassen, wie man Rouladen macht. Auf die Idee haben mich unser Sohn und Volkers Patenkind gebracht. Die App wird in diesem Jahr gebaut.

Ehrenämter von
Gerd Sonnleitner

Gemeinde und Kreisebene

1972 – 1993
Gemeinderat in Ruhstorf a. d. Rott

1990 – 1992
2. Bürgermeister der Gemeinde Ruhstorf a. d. Rott

1990 – 1995
Kreisrat des Landkreises Passau

Bayerische Jungbauernschaft

1974 – 1989
1. Vorsitzender des Ringes junger Landwirte Rotthalmünster

1979 – 1986
Stellvertretender Landesvorsitzender und Agrarpolitischer Sprecher

Bauernverband

1977 – 1996
Obmann des Ortsverbandes Ruhstorf a. d. Rott

1987 – 1992
Obmann des Kreisverbandes Passau

1991 – 2012
Präsident des Bayerischen Bauernverbandes

Streitbarer Kopf

Gerd ist seit seiner Jugend durch und durch politisch. Schon mit 23 Jahren saß er im Gemeinderat.

Ich bin ein durch und durch politischer Mensch. Schon in der frühen Jugend habe ich in der Zeitung die lokale und die große Politik verfolgt und gespürt: Da rührt sich was. Da wollte ich mitmischen.

Das war auch der Grund, warum ich mich zunächst stärker in der CSU und weniger in der Landjugend und im Bauernverband einbrachte. Bereits mit 23 Jahren saß ich im Gemeinderat. Ich glaube, das gelang mir, weil ich schon damals gut mit Menschen umgehen konnte und fundiert ausgebildet war.

Schon nach kurzer Zeit bin ich aufmüpfig geworden und immer wieder angeeckt. Die Kungeleien und Mauscheleien in der Partei sind mir furchtbar auf den Geist gegangen – insbesondere die der Älteren. Die Konsequenz: Ich habe mich immer stärker in der Landjugend und zunehmend weniger in der CSU engagiert. Dort hatte ich im Vergleich die totale Freiheit.

GERD ECKT AN

Meine Parteikarriere war damals dann schneller beendet als gedacht. Als Vorsitzender der Jungbauernschaft habe ich den damaligen FDP-Bundeslandwirtschaftsminister Josef Ertl zum Karpfhamer Fest eingeladen. Das ist das größte und älteste Volksfest in Niederbayern. Prompt hat mir diese Aktion ein Parteiordnungsverfahren eingebracht.

Das habe ich mir nicht gefallen lassen. Die kleinkarierte und spießige Einstellung dahinter war mir zuwider, damit wollte ich nichts zu tun haben. Ich bin nach der ersten Anhörung aus der Partei ausgetreten. Dennoch bin ich mit vielen Menschen in der CSU befreundet. Es ist mir immer gelungen, zwischen Partei und Person zu trennen. Die

"

Ich bin nie persönlich geworden.
Nach Auseinandersetzungen konnten wir
uns immer noch in die Augen blicken.

– Gerd Sonnleitner –

Betroffenen haben mir immer abgenommen, dass ich das mit dem Herzen auch so meinte.

Ich gebe mal ein Beispiel: Als ich Vorsitzender der Jungbauernschaft war, haben wir einmal die Kreisgeschäftsstelle der CSU in Passau zugenagelt und besetzt, weil wir uns über die bayerische Agrarpolitik geärgert haben. Das hat meinem persönlichen Verhältnis zum Kreisgeschäftsführer aber keinen Abbruch getan.

Die Abgabe meiner CSU-Mitgliedschaft war übrigens nicht das Ende meiner politischen Aktivitäten: Ich habe über eine unabhängige Liste für den Gemeinderat kandidiert und war wieder im Geschäft. Auch beim Bauernverband hat mir der Parteiaustritt nicht geschadet.

Aber es gab andere Baustellen: Immer dann, wenn ich als junger Funktionär, z.B. als Mitglied in den Ausschüssen der Landwirtschaftlichen Sozialversicherung und als Aufsichtsrat einer bäuerlichen Erzeugergemeinschaft für Nutzvieh, auf Probleme oder Missstände hingewiesen habe, gab es Ärger. Am Ende war ich dann meistens meinen Posten los – entweder wurde ich aktiv herausgedrängt oder ich bin selbst zurückgetreten.

Doch der Kampf gegen Ungerechtigkeiten, der Wunsch, Zustände zu verbessern – das waren für mich sicherlich die wichtigsten Gründe, mich ehrenamtlich zu betätigen. Außerdem habe ich sehr vielseitige Interessen.

Schon immer haben mich auch die Themen interessiert, die jenseits der Grenzen meines landwirtschaftlichen Betriebs liegen. Die mich herausfordern. Interessante Menschen kennenzulernen, finde ich hochspannend.

Zum Mitnehmen

Wer ehrenamtlich aktiv ist,

- erweitert seinen Horizont,
- lernt neue Menschen kennen und
- reift als Persönlichkeit.

1992 – 1999
Senator des
Bayerischen Senats

1997 – 2012
Präsident des deutschen
Bauernverbandes

Sonstiges

1981 – 1997
Jagdgenossenschaft Ruhstorf
1. Vorsitzender

International

1995 – 1997
Vizepräsident des Europäischen
Bauernverbandes

2001 – 2003
Präsident des Europäischen
Bauernverbandes

2007 – 2011
Vizepräsident des Europäischen
Bauernverbandes

2011 – 2013
Präsident des Europäischen
Bauernverbandes

2014 – 2015
UN-Sonderbotschafter für das
„Internationale Jahr der bäuerlichen
Familienbetriebe“

Wie Vorbilder prägen

Orientierung und Inspiration

Gerd und Julia haben in der Familie und außerhalb Vorbilder gefunden. Sie helfen, den eigenen Weg im Leben zu gehen.

Vorbilder begegnen uns meistens unverhofft. Doch man kann sie in jeder Lebenslage treffen. Im besten Falle weisen sie einem den Weg, zeigen Möglichkeiten auf und geben Orientierung.

Gerd Sonnleitner ist gläubiger Katholik. Die Kirche gibt ihm Halt. Aber auch ein Lehrer wurde zum Vorbild. Manche prägt auch der Ausbilder oder der Nachbar nachhaltig. Viele finden Idole, denen sie nacheifern, in der eigenen Familie.

Julia Nissen erlebte ihre Oma als starke Persönlichkeit, der sie ihr Leitmotiv der Unabhängigkeit verdankt. Gerd bewundert seinen Opa, der sich aus dem Nichts eine Existenz als Bauer aufbaute.

DIE WEISHEIT DER ALTEN

Gerd erklärt: „Die ältere Generation, speziell die Großeltern, ist häufig lockerer, liberaler und weitblickender als die eigenen Eltern. Das spüren die Enkel und deshalb gibt es oft enge Beziehungen."

Ein guter Grund, die Älteren wieder mehr wertzuschätzen, ihnen zuzuhören und sie stärker in die Gesellschaft einzubinden, finden Gerd und Julia.

Das Porträt ist ein Geschenk der Rentenbank. Gerd war lange Vorsitzender des Verwaltungsrats.

„Er hat mich beeindruckt“

Ein freigeistiger Lehrer weckt Gerds Mut. Sein Großvater gibt ihm die Gewissheit, dass er alles schaffen kann.

Die Frage, ob er auch ohne ein Vorbild die gleiche Entwicklung vollzogen hätte, kann Gerd Sonnleitner kaum beantworten. Doch für ihn steht fest: Man braucht Menschen, die einem Orientierung geben, um zu einer Persönlichkeit zu reifen.

Eine solche Leitfigur war für Gerd Sonnleitner der frühere Leiter der Akademie Herrsching am Ammersee, Gebhard Quinger. Quinger hat die zentrale Bildungseinrichtung des Bayerischen Bauernverbandes aus den früher getrennten Bauern- und Bäuerinnenschulen in Herrsching aufgebaut. Noch heute leiste sie zukunftsweisende Bildungsarbeit für den bayerischen ländlichen Raum, berichtet Sonnleitner.

Später wurde der ambitionierte Lehrer Generalsekretär des Bayerischen Bauernverbandes. „Quinger war ein Freigeist“, erinnert sich Gerd. „Er hat uns immer angehalten, frei zu denken – unabhängig von Traditionen und Personen. Diese Haltung hat mich beeindruckt.“

SEI MUTIG!

Kennengelernt hat Sonnleitner den Schulleiter in jungen Jahren. Nach der Lehre erhielt Gerd ein Stipendium für den Herrschinger Grundkurs. „Dort erhalten die Teilnehme-

"

Sprich Missstände an!
Vertritt Deine Meinung!
Das habe ich von
Quinger gelernt.

– Gerd Sonnleitner –

rinnen und Teilnehmer die Möglichkeit, in zehn Wochen ihre beruflichen und persönlichen Ziele zu definieren, den Horizont zu erweitern und vielfältige Netzwerke zu knüpfen", berichtet Sonnleitner.

Für ihn, der auf einem Einzelhof aufgewachsen ist, die Schulzeit teilweise im Internat verbrachte und in der Lehre auch noch nicht viel erlebt hatte, war das ein Türöffner. „Ich bekam Einblick in eine ganz neue Welt und ganz andere Sichtweisen", erinnert sich Gerd.

HINTERFRAGE ALLES!

Quinger zeigte ihm, dass es richtig ist, alles zu hinterfragen. „Auch die damals noch verbreitete Einheit aus Kirche, CSU und Bauernverband", sagt er und muss schmunzeln. „Sei mutig, auch gegenüber Autoritäten. Nimm nichts hin. Sprich Missstände an und vertritt selbstbewusst Deine Meinung. Das ist die Haltung, die mich beeindruckt hat. Ich habe sie aus Herrsching mitgenommen."

Auch der Großvater mütterlicherseits beeinflusst Sonnleitner. „Er war zweitgeborener Bauernsohn und hat aus dem Nichts, erst als Mitarbeiter und später als Pächter, einen Betrieb aufgebaut", erinnert sich Gerd.

Diese Persönlichkeit hat Gerd ein Gefühl dafür vermittelt, was man mit den eigenen Händen und einer Portion Weitsicht erreichen kann, wenn man denn will. „Daran habe ich mich oft erinnert und wollte es so machen wie der Opa", sagt er.

Noch heute machen viele Menschen Sonnleitner neugierig: Barack Obama und Xi Jinping, der Staatspräsident der Volksrepublik China, faszinieren ihn. Er würde sie gerne treffen. „Xi, der wirkt so verschlossen. Da möchte ich wirklich einmal hinter die Fassade schauen."

„Ein heilsamer Schock"

Julias Vorbilder kommen aus der eigenen Familie. Vor allem ihre Oma väterlicherseits hat sie beeindruckt.

Barbara Schöneberger würde sie gerne einmal auf einen Kaffee treffen. „Sie macht Podcasts, gestaltet ein Magazin, ist Moderatorin: Es beeindruckt mich, wie vielseitig diese Frau ist", berichtet Julia.

Davon abgesehen kommen Julias Vorbilder aus der eigenen Familie, in der sich viele starke Frauen tummeln. Entscheidend hat sie ihre Oma väterlicherseits geprägt. „Sie war eine einfache Frau vom Land, aber mit klarem Blick. Und eine tolle Oma", erzählt Julia. Besonders ein Gespräch, das sie mit ihr führte, als sie gerade 18 Jahre alt war, ist ihr in bleibender Erinnerung.

SEI UNABHÄNGIG!

Das Thema: Die Ehe ihrer Großeltern. Mit bewundernswerter Ehrlichkeit berichtet die Seniorin, dass sie und ihr Mann eigentlich nur nebeneinanderher leben und sich in ihrer Ehe arrangiert haben. Sie habe sich nie von Julias Großvater trennen können, weil ihr eine eigene soziale Absicherung fehle. Aus heutiger Sicht würde sie ihren Mann nicht noch einmal heiraten.

„Die Aussagen haben mich damals schockiert", erinnert sich Julia. Sie führten aber auch dazu, dass Julia ein Leitmotiv für ihr Leben entwickelte: „Sei immer eigenständig und finanziell unabhängig", lautet es.

„Ich habe mein Studium selbst finanziert, weil ich nicht von meinen Eltern abhängig sein wollte. Mein Mann und ich haben getrennte Konten." Deshalb ist ihr auch die Arbeit so wichtig: „Ich möchte selbst Geld

> Durch meine Oma wurde mir klar, wie wichtig finanzielle Unabhängigkeit ist.
>
> – Julia Nissen –

verdienen, damit ich im Notfall meine Familie alleine durchbringen kann", erklärt sie die Schlüsse, die sie aus den Erfahrungen ihrer Oma gezogen hat.

Es sei jedoch nicht nur Zufall, Vorbilder zu finden. Davon ist die junge Frau überzeugt. „Natürlich ist es auch Glück. Man kann Vorbilder aber auch ganz gezielt suchen", berichtet sie. Sie spielt damit auf viele erfolgreiche Mentoren-Programme an, die das Aufeinandertreffen von Berufsanfängern und erfahrenen, gestandenen Persönlichkeiten generalstabsmäßig planen und ermöglichen. „Davon halte ich viel."

Wichtig findet sie dabei, dass vor allem Unabhängigkeit und Eigenständigkeit vermittelt werden. Diese Eigenschaften seien wichtig, um Sachverhalte fundiert zu bewerten. „Wenn alle nur dem Zeitgeist hinterherlaufen, ist am Ende niemandem geholfen", sagt sie.

Zum Mitnehmen

Im Leben und im Ehrenamt helfen Vorbilder:

- Sie geben Orientierung und Halt.
- Sie helfen, ein eigenes Profil und eine eigene Persönlichkeit zu entwickeln.
- Man findet sie innerhalb und außerhalb der Familie.

Was uns antreibt

Freude und Fortschritt

Die eigene Zufriedenheit und die Freude am Gestalten sind im Ehrenamt wichtiger als Geld und Anerkennung.

Wer ein Ehrenamt richtig und gut ausfüllen möchte, muss viel Zeit und Energie investieren – die er oder sie auch für Betrieb und Familie gut gebrauchen könnte. Ein Spitzenamt ist häufig ein Fulltime-Job.

Was treibt Gerd und Julia also an? Zunächst ist es ihr Pflichtgefühl gegenüber der Gesellschaft und der landwirtschaftlichen Branche. Geld und Anerkennung halten beide für einen schlechten Motivator.

PFLICHT ZUM EHRENAMT

„Ich kann nicht von anderen erwarten, dass sie sich für Öffentlichkeitsarbeit engagieren, wenn ich nicht selbst bereit bin, etwas zu tun“, sagt Julia. Ein wichtiger Antrieb für beide: Etwas zu bewegen, Fortschritte in der Sache zu erzielen. „Für mich ist das Bestätigung genug“, sagt Gerd. „Da brauch' ich kein Lob von irgendjemandem.“

Auf welche Erfolge blicken Julia und Gerd stolz zurück? Gab es Punkte, an denen sie Gefahr liefen, sich am eigenen Erfolg zu berauschen? Was hilft ihnen, nicht die Bodenhaftung zu verlieren?

Die Antworten lesen Sie im nachfolgenden Interview.

„Etwas verändern“

Gerds Triebfeder fürs Ehrenamt: Erfolg in der Sache. Julias größte Bestätigung: Wenn ihre Leser etwas verändern.

Wie wichtig ist es, bei der ehrenamtlichen Arbeit Ansehen und Erfolg zu haben?
Gerd: Natürlich gibt mir ein positives Feedback Bestätigung. Es freut mich besonders dann, wenn es aus dem näheren Umfeld kommt und ernst gemeint ist. Man darf aber sein Handeln nicht auf Lob und Anerkennung ausrichten. Das Wichtigste ist, dass man die Arbeit gerne macht und hinter dem, was man tut, auch stehen kann.

Reicht das auf Dauer?
Gerd: Eine Tätigkeit macht mich dann zufrieden, wenn ich selbst gestalten kann und Fortschritte in der Sache erkenne. Das ist genug Bestätigung.

Julia: Bestätigung tut natürlich gut. Keine Frage. Ich freue mich besonders, wenn meine Oma mich lobt. Wichtig ist es aber auch, das eigene Tun immer wieder zu bewerten: Was war gut? Was kann noch besser werden? Sich selbst zu erden oder von außen geerdet zu werden, ist enorm wichtig.

Muss die Bestätigung zwingend von außen kommen?
Gerd: Das ist eine Typfrage. Ich komme mit wenig Rückmeldung von außen aus.

Julia: Das ist bei mir anders. Ich reflektiere gerne in der Gruppe, versuche alle bei der gemeinsamen Bewertung mitzunehmen.

Wie wichtig sind Statussymbole wie Bekanntheitsgrad, Dienstwagen mit Chauffeur und andere Privilegien?
Gerd: Mir waren sie immer egal und ich habe mich stets bemüht, diese kleinzuhalten.

Julia: Ich glaube, für die jungen Menschen haben diese Statussymbole heute viel weniger Bedeutung, als das in unseren Vorgängergenerationen der Fall war.

Gerd: Mir war immer wichtig, dass ich für all diejenigen Menschen, die mich schon vor meiner Zeit als Präsident kennengelernt haben, einfach der Gerd geblieben bin – vor allem zu Hause auf dem Hof. Ich wollte bloß nicht die Bodenhaftung verlieren.

Sie sind erst nach Ihrer Karriere zum Ehrenbürger Ihrer Heimatgemeinde Ruhstorf ernannt und mit dem Ehrenring des Landkreises Passau ausgezeichnet worden.
Gerd: Das stimmt. Ich fühle mich dadurch sehr geehrt. Das belegt einmal mehr, dass Zustimmung und Bestätigung für die ehrenamtliche Arbeit manchmal auch erst sehr viel später kommen.

Worauf wollen Sie hinaus?
Gerd: Dass es manchmal ganz entscheidend darauf ankommt, vor allem dann zu seinen Überzeugungen zu stehen und dafür zu kämpfen, wenn es Gegenwind gibt. Die Bewertung des eigenen Tuns kann sich im Rückblick noch verändern.

Haben Sie dafür ein Beispiel?
Gerd: In der BSE-Krise ist die Öffentlichkeit mordsmäßig über die Bauern hergefallen und hat uns dafür verantwortlich gemacht. Renate Künast war damals Bundeslandwirtschaftsministerin und hat – das muss ich sagen – eher gemäßigt reagiert. Trotzdem wollten die Bauern, dass ich mich massiv gegen die Ministerin stelle. Das habe ich nicht gemacht, weil ich sicher war, dass die Bauern damit noch stärker in der Verliererecke stehen würden.

Wie haben die Bauern reagiert?
Gerd: Ein Jahr lang haben sie mich auf jeder Veranstaltung für meinen angeblichen Schmusekurs mit der Künast kritisiert. Das war hart.

Und am Ende haben Sie recht behalten?
Gerd: Ja. Nach zwölf Monaten waren die Wogen wieder geglättet.

Was haben Sie daraus gelernt?
Gerd: Kurs zu halten, wenn man eine klare Position hat.

Was war für Sie der größte Erfolg Ihrer ehrenamtlichen Arbeit?
Gerd: Das können andere sicher besser bewerten als ich. Ich schaue zufrieden zurück und glaube, dass es insgesamt gut gelaufen ist. Ein bisschen stolz bin ich darauf, dass die deutsche Landwirtschaft den Weg von der Planwirtschaft zur Marktwirtschaft so erfolgreich gemeistert hat und ich daran mitwirken durfte.

Wie viel Gestaltungsspielraum hat man im Ehrenamt?
Gerd: Mehr als viele glauben. In meiner Amtszeit als Bauernpräsident haben wir uns von einer Agrarpolitik mit Preis- und Abnahmegarantie verabschiedet. Die Agrarmärkte wurden liberalisiert. Das hat den Agrarhandel globalisiert. Wir haben es geschafft, in der WTO die Spielregeln für den Handel zu harmonisieren. In vielen Bereichen wurden Zollschranken abgebaut. Ich habe diesen Kurs der Politik immer aktiv unterstützt, weil ich fest davon überzeugt war, dass das der deutschen Landwirtschaft hilft. Viele Berufskollegen haben das seinerzeit mit Skepsis betrachtet.

In der Tat ist die Wettbewerbsfähigkeit der deutschen Landwirtschaft in den vergangenen beiden Dekaden deutlich gestiegen. Ist das das Ergebnis der Globalisierung der Agrarmärkte?
Gerd: Ja, so sehe ich das.

Jetzt dreht sich der Wind wieder. Die WTO-Verhandlungen sind tot. Die Politik setzt eher auf bilaterale

"

Klar tut Bestätigung gut.
Ich freue mich immer sehr über
ein Lob von meiner Oma.

– Julia Nissen –

Handelsverträge, einige brechen sogar Handelskriege vom Zaun.
Gerd: Ich sehe das mit Sorge. Wir haben es seinerzeit nicht geschafft, die multilateralen Verhandlungen so weit voranzutreiben, dass wir die sogenannten nicht-tarifären Handelshemmnisse abbauen. Die Verbraucher-, Umwelt- und Tierschutzvorschriften sind noch immer nicht harmonisiert. Mehr denn je wird darüber Markt- und Machtpolitik betrieben. Diese Abgrenzung findet bei vielen Landwirten Sympathie, weil sie glauben, damit letztlich besser zu fahren. Doch am Ende werden alle verlieren. Das zeigt, wie eng Erfolg und Misserfolg manchmal zusammenliegen.

Woraus schöpfen Sie die Motivation für Ihr ehrenamtliches Engagement?
Julia: Wir haben vor einem Jahr hier in Nordfriesland die jungen LandFrauen gegründet. Der Kreisvorstand war zwar skeptisch, hat uns aber machen lassen. Jetzt haben wir 248 neue Mitglieder, die dem Verband ein ganz neues Image verleihen. Mittlerweile gibt es die jungen LandFrauen in neun von zwölf Landkreisen. Das freut mich.

Kann einem der Erfolg zu Kopf steigen, zur Sucht werden?
Julia: Die Gefahr ist auf jeden Fall gegeben. Vor allem in den sozialen Medien. Man darf den Erfolg seiner Arbeit nicht nur anhand der Anzahl der Likes bewerten, die man bekommt. Genauso wichtig kann es sein, drei Menschen zu erreichen, die ihr Verhalten durch meine Postings und Anregungen hinterfragen oder sogar ändern. Nicht jeder in der Bloggerszene sieht das so wie ich.

Sie posten nicht klickorientiert?
Julia: Nein. Wenn ich in meinem Blog mehr von mir und meiner Familie preisgeben würde, hätte ich viel mehr Klicks, als ich sie mit meinen Land- und Landwirtschaftsthemen erziele. Ein wöchentliches Schwangerschafts-Update würde gut laufen! Aber was ich an Persönlichem von meiner Familie zeige, stimme ich immer mit meinem Mann ab. Da gibt es für mich klare Grenzen. Das Internet kennt z.B. nicht die Namen meiner Kinder. Und ich zeige sie auf Bildern immer von hinten oder von der Seite, niemals von vorne.

Was ist dann Ihre Motivation?
Julia: Als Mitarbeiterin eines landwirtschaftlichen Wochenblatts habe ich ständig die Landwirte aufgefordert, mehr Öffentlichkeitsarbeit zu machen, habe aber selbst nichts gemacht. Das war mein Antrieb.

Wie wichtig ist Ihnen das Echo auf Ihre Arbeit?

Julia: Natürlich möchte ich, dass meine Texte gelesen werden. Ich habe meinem früheren Arbeitgeber dreimal vorgeschlagen, einen solchen Blog zu machen. Immer hieß es, das interessiere niemanden. Dann bin ich halt privat angefangen und freue mich, dass sich jeden Monat 50 000 Menschen für meine Texte interessieren. Das geht nicht nur mit knallharten Agrarthemen. Wenn ich die Hamburgerin länger bei der Stange halten will, muss ich auch über Garten und Landleben schreiben, Rezepte online stellen und dazwischen die Landwirtschaft einstreuen.

Wie war das bei Ihnen?
Gerd: Ich bin viel zu wenig emotional, um süchtig zu werden. Wenn ich ein bestimmtes Ziel erreicht habe, ist das für mich abgehakt und ich arbeite am nächsten.

Das klingt fast unmenschlich.
Gerd: Ich bin da sehr streng mit mir. Ich war immer in Sorge, emotional zu stark abhängig zu werden von meiner Arbeit für den Berufsstand. Ich kenne viele Menschen, die sich mit Haut und Haaren dieser Arbeit verschrieben haben und dann in ein großes Loch gefallen sind, als sie nicht mehr in Amt und Würden waren. Ich habe mir geschworen: Das passiert Dir nicht.

Es gab also keine Entzugserscheinungen, als Sie aus Ihren Ämtern ausgeschieden sind?
Gerd: Nein, gar nicht. Ich habe selbstbestimmt aufgehört und mir war immer klar, dass ich danach auch noch ein gutes Leben haben werde. Allerdings bin ich auch nicht abgewählt oder aus dem Amt gedrängt worden, sondern meine Amtszeit war schlicht zu Ende. Wer ein unfreiwilliges Ende erlebt, tut sich wahrscheinlich mit dem Loslassen schwerer.

Sie haben jetzt ein besseres Leben?
Gerd: Mein aktueller Alltag passt zu meiner Lebensphase. Ich bin kein Genussmensch, aber ich genieße es, jetzt Zeit zu haben. Vor 20 Jahren wäre mir das zu langweilig gewesen.

Zum Mitnehmen

Wer sich ehrenamtlich engagiert,

- muss Leidenschaft und Freude am Gestalten mitbringen,
- darf nicht in erster Linie auf Erfolg und Anerkennung von außen hoffen und
- sollte mit beiden Beinen auf dem Boden der Tatsachen bleiben.

Julia im Gespräch mit einem
Landwirt aus der Nachbarschaft.

Rückgrat und Stärke

Kritik und Niederlagen einstecken

Im Umgang mit Kritik beweisen Gerd und Julia Nehmerqualitäten.

Er war während der Milchkrise 2008 der am meisten gehasste Mann der Branche und konnte es mit seiner Haltung niemandem recht machen. Sie muss im Netz jederzeit damit rechnen, in einen Shitstorm zu geraten.

Doch Kritik und Anfeindungen können weder Gerd noch Julia viel anhaben. Gerds Haltung: Den Rücken gerade machen. Zur eigenen Position stehen und nicht viel auf das Gerede anderer geben.

Julias Strategie: Der Kritik zuvorkommen und Kritikern den Wind aus den Segeln nehmen. Woraus speist sich diese innere Stärke der beiden Ehrenamtler?

FAMILIE GIBT RÜCKHALT

Sicherlich sind ihre jeweiligen Familien ein wichtiger Rückhalt für Gerd und Julia. Man kommt aber nicht umhin, festzustellen, dass die beiden eine enorme Widerstandskraft und Robustheit mitbringen. Sie haben gelernt, mit Kritik umzugehen. Das hebt sie von der Masse ab. Im folgenden Interview schildern sie, wo sie Missgunst und Kritik erlebt haben – und was sie stark gemacht hat.

„Den Gegenwind aushalten"

Je prominenter das Ehrenamt, desto mehr Neider. Wird die Kritik jedoch fair vorgetragen, muss man sie aushalten.

Sind Sie durch Ihr ehrenamtliches Engagement mit Neid und Missgunst konfrontiert worden?
Gerd: Immer wieder.

Wie gehen Sie damit um?
Gerd: Das übliche Gerede interessiert mich nicht. Das kann ich ausblenden, weil es nicht gefährlich ist.

Wann wird es gefährlich? Wann ist für Sie eine Grenze überschritten?
Gerd: Wenn es um die persönliche Herabwürdigung geht. Ein Berufskollege aus meinem heimatlichen Umfeld hat mal versucht, mich als Versager darzustellen, indem er behauptete, ich hätte Flächen an die Kirche verkauft und das Land zurückgepachtet. So etwas gilt in der Landwirtschaft bis heute als Beleg großen Scheiterns.

Wie haben Sie reagiert?
Gerd: Ich habe dem Urheber des Gerüchts angedroht, ihn wegen Rufmords zu verklagen. Das hat den Betreffenden schnell verstummen lassen. Und andere auch.

Julia: Ich bin ähnlich konsequent und sage, wenn etwas zu weit geht.

Wie belastend sind solche Zwischenfälle?
Gerd: Da reagiert jeder anders. Ich nehme mich selbst und das Gerede über mich nicht so wichtig.

Wie ist es bei Ihnen?
Julia: Nicht viel anders. Ich komme aus dem Landhandel, da wird man schon wegen seiner Herkunft skeptisch angeguckt. Von meinen Eltern habe ich gelernt, damit selbstbewusst umzugehen und potenzielle Kritiker der eigenen Arbeit frühzeitig einzubinden.

Wie macht man das?
Julia: Als ich in Nordfriesland mit meinem Blog „Deichdeern“ gestartet bin, habe ich die Meinungsführer im Dorf frühzeitig eingebunden, erzählt, was ich machen werde und zusätzlich noch Kurse zum Umgang mit dem Internet angeboten. Damit bin ich den Skeptikern zuvorgekommen. Heute freuen sich alle für mich und kommen mit ihren Internetfragen zu mir.

Was löst den Neid aus?
Gerd: Einen besonderen Auslöser sehe ich nicht. Ich halte das für eine zutiefst menschliche Eigenschaft, die in frühester Kindheit beginnt und erst im Grab überwunden ist.

Viel schlimmer als Neid sind Niederlagen bei der ehrenamtlichen Arbeit. Gerade in den Anfangsjahren gab es bei Ihnen fast mehr Rückschläge als Erfolge, Herr Sonnleitner. Trotzdem haben Sie weitergemacht. Warum?
Gerd: Rückschläge gehören zum Leben wie Erfolg, Glück und Unglück.

Wie reagieren Sie darauf?
Gerd: Ich nehme eine Niederlage nie persönlich. Für mich ist das eher eine sportliche Herausforderung. Ich analysiere, warum ich meine Ziele nicht erreicht habe und starte einen neuen Versuch nach dem Motto: Euch zeige ich es.

Das setzt eine gewisse Stärke voraus.
Gerd: Man braucht vor allem Selbstbewusstsein und Mut, den Weg weiterzugehen, den man für richtig hält. Ich habe mich intensiv mit den Bauernaufständen der letzten Jahrhunderte bis heute befasst. Nie waren die Aktionen erfolgreich, bei denen die Verantwortlichen am lautesten waren. Sondern jene, die am besten durchdacht waren. Ich wusste immer, dass unsere Entscheidungen gut waren. Dass es wichtig ist, den Kurs konsequent zu halten. Deshalb habe ich auch in der BSE- und in der Milchkrise am Ende recht behalten.

Julia: Ich gehe ganz ähnlich vor, versuche Kritik objektiv zu sehen.

Lernt man aus Niederlagen mehr als aus Erfolgen?

Gerd: So weit würde ich nicht gehen. Man lernt auch aus Erfolgen. Wichtig ist es, zu analysieren, warum etwas gut oder schlecht gelaufen ist und daraus dann die richtigen Schlüsse zu ziehen.

Gab es auch Niederlagen, die Sie bis heute schmerzen?
Gerd: Dass wir die Richter des Bundesverfassungsgerichtes nicht von der Notwendigkeit des Absatzfondsgesetzes überzeugen konnten! Das empfinde ich als sehr schmerzlich. Heute bräuchten wir die Gelder so dringend für die Öffentlichkeitsarbeit. Denn ohne den gesetzlichen Zwang ist die Branche augenscheinlich nicht bereit, die notwendigen Mittel bereitzustellen. Das finde ich ziemlich enttäuschend.

Mussten Sie auch Beschlüsse des Bauernverbandes mittragen, die Sie nicht für richtig hielten?
Gerd: Natürlich. Ich war zum Beispiel strikt dagegen, dass sich der Bauernverband für Beschränkungen beim Bau von Freiflächen-Fotovoltaikanlagen ausspricht. Ich halte das für einen Eingriff in die Eigentumsrechte der Landwirte. Die Mehrheit meiner Präsidentenkollegen hat das allerdings anders gesehen. Viele hatten die Sorge, dass die Eigentümer dann ihre landwirtschaftlichen Flächen zurücknehmen und Fotovoltaikanlagen darauf bauen. Dieses Land hätte dann den Pächtern gefehlt. Da bin ich schlicht überstimmt worden.

Dafür braucht man gute Nerven und Nehmerqualitäten.
Gerd: Die habe ich. Es war eine demokratische Entscheidung, die man respektieren muss.

Haben Sie auch solche Negativerlebnisse gehabt, Frau Nissen?
Julia: Zum Glück nicht in diesem krassen Ausmaß. Ich erinnere mich, dass ich als neue Vertreterin der Landjugend im Öffentlichkeitsausschuss des Bauernverbandes Schleswig-Holstein kritische Fragen zur Wirksamkeit einer Kommunikations-Kampagne gestellt habe, als es darum ging, diese nochmals zu verlängern.

Mit welchen Folgen?
Julia: Im Nachgang der Sitzung bekam ich Anrufe, dass solche Fragen unüblich seien. Die Verlängerung der Kampagne wurde beschlossen. Ich habe angeboten, sie im Rahmen meiner Abschlussarbeit an der Universität zu begleiten. Dem wurde zugestimmt.

Was haben Sie herausgefunden?
Julia: Dass die Kampagne nichts gebracht hatte, wie ich es im Vorfeld schon angemerkt habe. Die Arbeit ist dann nie im Öffentlichkeitsausschuss diskutiert worden. Sie liegt noch heute irgendwo in den Schubladen des Verbandes.

Als Bloggerin haben Sie noch keinen Shitstorm erlebt?
Julia: Persönlich noch nicht. Aber wer sich öffentlich äußert, der muss sich darüber im Klaren sein, dass es Gegenwind geben kann. Davor habe ich aber keine Angst.

Warum nicht?
Julia: Weil das Netz so schnelllebig ist, dass ein Shitstorm übermorgen schon fast wieder kalter Kaffee ist.

Waren Ihnen Wucht und Ausmaß der Kritik immer bewusst, Herr Sonnleitner?
Gerd: Ich dachte, ich hätte in jungen Jahren schon alles erlebt. Das war ein Trugschluss. Drei Tage nach meiner Wahl zum bayerischen Bauernpräsidenten gab es in Schwaben eine Demonstration gegen den örtlichen Landtagsabgeordneten. Er war zugleich auch Bezirkspräsident des Bauernverbandes. Die Protestkundgebung lief aus dem Ruder. Das politische Anliegen geriet in den Hintergrund. Der Abgeordnete wurde persönlich diffamiert und mit blankem Hass überzogen. Da war mir klar, dass mir so etwas auch blühen kann.

So kam es dann auch. 2008 gab es ein Haberfeldtreiben gegen Sie. Wie ist das abgelaufen?
Gerd: Das Ritual stammt ursprünglich aus Oberbayern und hatte seine Blütezeit im 18. und 19. Jahrhundert. Dabei werden

dem Beschuldigten seine Verfehlungen in Versform vorgehalten und zwar in höllischer Lautstärke. Oft waren die Vorwürfe nicht berechtigt. Es ging vor allem darum, eine Person an den Pranger zu stellen und zu verleumden. Das trieb die Betroffenen nicht selten aus Verzweiflung in den Selbstmord. Deshalb hat der bayerische König Haberfeldtreiben verboten.

Trotzdem haben die Arbeitsgemeinschaft bäuerliche Landwirtschaft und andere das Ritual im November 2008 wiederbelebt und in Ruhstorf Haberfeldtreiben gegen Sie veranstaltet. Wie lief das ab?
Gerd: Mehrere Hundert Bauern haben sich in der Gemeindehalle versammelt, die ungefähr einen Kilometer Luftlinie von unserem Hof entfernt liegt. Dort haben sie sich über Stunden hochgeschaukelt, Lügen und Hasstiraden gegen mich und meine Familie verbreitet.

Um Sachfragen ging es nicht mehr?
Gerd: Nein. Wer sich seinerzeit ehrlich mit der Milchquote beschäftigt hatte, wusste, dass es weder in Berlin noch in Brüssel eine politische Mehrheit für die Verlängerung der Milchquotenregelung gab. Leider ist der damalige bayerische Ministerpräsident Horst Seehofer durch das Land gezogen und hat den Eindruck hinterlassen, dass es mit der Quote nur zu Ende gehe, weil ich mich dagegen ausgesprochen hätte. Das war unredlich.

Wo waren Sie während der Veranstaltung?
Gerd: Ich war zu Hause mit Freunden und Bekannten. Die Polizei hat die Zufahrt zu unserem Hof abgesperrt. Gott sei Dank gab es aber nicht den Versuch der Demonstranten, zum Hof vorzudringen.

Was hat das mit Ihnen gemacht?
Gerd: Das war schon ein lästiges Gefühl …

… ein lästiges Gefühl? Mehr nicht?
Gerd: Mulmig trifft es vielleicht besser. Wenn Sie Todesdrohungen bekommen und Ihnen Munition zugeschickt wird, dann wissen Sie am Ende nie, ob ein psychisch Erkrankter letztlich nicht doch durchdreht.

Zum Mitnehmen

Wer ehrenamtlich aktiv ist,

- muss kompromissfähig sein,
- sollte immer eine klare Linie haben und
- Neid, Rückschläge und Niederlagen selbstbewusst verkraften können.

Gerd hat alle Präsentkörbe, die er je bekommen hat, aufgehoben.

"

Ich nehme mich selbst
und das Gerede über mich
nicht so wichtig.

– Gerd Sonnleitner –

"
Wer sich öffentlich äußert,
muss mit Gegenwind rechnen.
Ich habe davor keine Angst.
– Julia Nissen –

"

Niederlagen gehören
zum Leben wie Erfolg,
Glück und Unglück.

– Gerd Sonnleitner –

Klarer Kompass

Bei sich bleiben

Wer ehrenamtlich tätig ist, sollte unabhängig bleiben. Doppeltätigkeiten bewerten Julia und Gerd kritisch.

Auch wenn sie manchmal mit der aktuellen Politik hadert: Julia ist politisch interessiert und hat klare Positionen. Sie will nicht ausschließen, dass sie eines Tages auch selbst ein Mandat übernimmt. Gerd saß viele Jahre im Gemeinderat, bis er zum Bayerischen Bauernpräsidenten gewählt wurde. Er bezeichnet sich selbst als „zutiefst politischen Menschen".

VOLLE KRAFT FÜRS AMT

Doppelmandate, also die gleichzeitige Übernahme von Posten in der Politik und in Verbänden, halten beide dennoch für problematisch. Je höher die Ämter, desto kniffliger empfinden die beiden die Verknüpfung zweier Posten.

Außer Frage steht zwar, dass Verbindungen in die Politik einen Verband bereichern können. Doch die Gefahr, sich in Interessenkonflikte zu verstricken, oder dem Amt nicht mit voller Kraft zur Verfügung zu stehen, schätzen Julia und Gerd hoch ein. Julia ist zudem sicher: „Solche Verquickungen werden heute negativer beurteilt als früher." Wie gehen Julia und Gerd in ihrer aktiven Zeit mit dem Thema um?

„Unabhängigkeit ist ein hohes Gut"

Wer unabhängig ist, kann sich besser für die Interessen einer Gruppe einsetzen.

Sind Sie ein politischer Mensch, Frau Nissen?
Julia: Ja, aber das hat sich erst allmählich entwickelt und entstand durch die Landjugendarbeit und ein Praktikum in der Landesgeschäftsstelle der CDU in Schleswig-Holstein. Das war eine gute Erfahrung: Vor manchen Themen und vor manchen Personen ist mein Respekt eher gewachsen. Oft wurde aber auch nur mit Wasser gekocht. Bis dahin war für mich die Politik eher ein großes Schloss, das ich nur von außen betrachtet und bestaunt habe.

Ist es für Sie auch denkbar, in die Politik zu gehen, wie Gerd Sonnleitner es gemacht hat?
Julia: Ausschließen will ich das nicht. Mein Mann sagt oft zum Spaß: Wenn Dir nichts mehr einfällt, kannst Du noch in den Landtag gehen. Vielleicht ist es irgendwann einmal so weit? Aktuell bin ich aus der CDU ausgetreten, weil ich mit der Kita-Politik vor Ort nicht einverstanden war. Ich fühlte mich nicht ernst genommen. Mit den Grundüberzeugungen der Partei stimme ich aber meistens überein.

Inwieweit sind Sie von den Eltern politisch geprägt worden?
Julia: Meine Mutter war für die CDU in der Ratsversammlung. Wir waren da nicht immer einer Meinung. Manche Denkweisen in der Lokalpolitik finde ich antiquiert.

Gerd: Mein Vater war im Gemeinderat, mein Sohn später auch, aber ein richtig politischer Mensch bin nur ich.

Wie lange waren Sie im Gemeinderat?
Gerd: Insgesamt 22 Jahre. Ich habe aufgehört, als ich bayerischer Bauernpräsident wurde.

Halten Sie ein politisches Mandat für nicht vereinbar mit dem Amt des Bauernpräsidenten?
Gerd: Auf der Gemeindeebene ist das meines Erachtens kein Problem. Mein Rückzug hatte einen anderen Grund. Ich konnte im Gemeinderat nicht mehr kompetent mitreden, weil ich mich die ganze Woche über in München bzw. Berlin aufgehalten habe.

Und wie sieht das auf Landes- oder Bundesebene aus? Kann man dort gleichzeitig Politiker und Spitzenfunktionär auf Verbandsebene sein?
Gerd: Für mich passt das nicht. Ich habe alle Angebote abgelehnt, für den Landtag oder Bundestag zu kandidieren und gleichzeitig Bauernpräsident zu sein. Der frühere bayerische Ministerpräsident Stoiber wollte mich 1993 zum Landwirtschaftsminister machen. Das konnte ich als frischer Präsident des Bayerischen Bauernverbandes nicht annehmen. Ein sol-

> Ich bin ein zutiefst politischer Mensch. Schon immer.
>
> – Gerd Sonnleitner –

cher Seitenwechsel wäre mir wie Verrat vorgekommen.

Das sehen andere weniger streng.
Gerd: Das muss jeder für sich persönlich abwägen.

Was genau muss man abwägen?
Gerd: Einerseits verliert man in Doppelfunktion einen Teil seiner Unabhängigkeit. Andererseits profitiert der Bauernverband von einer politischen Verankerung. Es war gut für uns, dass der frühere brandenburgische Bauernpräsident Udo Folgart für die SPD im Landtag saß oder Norbert Schindler gleichzeitig CDU-Bundestagsabgeordneter und Chef des Bauernverbandes Rheinland-Pfalz war. Darüber konnte der Bauernverband seine Anliegen direkt in die Parlamente tragen. Umgekehrt haben diese Politiker dem Bauernverband Grenzen aufzeigt – und für realistische Forderungen gesorgt.

Julia: In jedem Fall macht man sich angreifbarer für Kritik. Das zeigt sich immer wieder.

Werden solche „Doppelmandate" heute kritischer gesehen als früher?
Julia: Ja, das glaube ich schon. Das ist schon allein deshalb so, weil die Agrarbranche heute viel stärker im Blick der Öffentlichkeit steht als früher.

Gerd: Es hat allerdings damals auch schon viel Kritik gehagelt, wenn die Bauernpräsidenten nur noch Parteipolitik gemacht haben. Ich verdanke meine Wahl zum Bayerischen Bauernpräsidenten mit Sicherheit auch der Tatsache, dass ich nicht Mitglied in der CSU war.

Zum Mitnehmen

Wer erfolgreich ehrenamtlich arbeiten will,

- braucht einen klaren Kompass und
- muss unabhängig handeln können.
- Das gilt besonders, wenn jemand politische Verantwortung trägt.

Die Geldfrage

Finanzielle Anreize

Geld darf kein Lockmittel für ehrenamtliches Engagement sein. Da sind Julia und Gerd sich einig.

Spitzenämter in Verbänden werden häufig ordentlich vergütet. In der Breite warten Ehrenamtliche hingegen oft vergeblich auf eine angemessene Aufwandsentschädigung für ihre Arbeit.

EIN SCHMALER GRAD

Die Frage, ob Geld ein Anreiz für ehrenamtliches Engagement sein kann, verneinen sowohl Julia als auch Gerd. Im Vordergrund stehen stattdessen uneigennützige Motive: Der Wunsch, etwas zu bewegen, eine reizvolle Aufgabe oder das Gefühl, etwas Sinnvolles zu tun.

Die beiden sind sich jedoch einig: Für Spritkosten, Spesen und andere Auslagen sollten Verbände und Vereine mindestens aufkommen, sonst werde ehrenamtliche Arbeit zusätzlich ausgebremst.

Zu hoch dürfe der Lohn jedoch auch nicht sein. Das setze falsche Anreize, den Posten über Jahre hinweg zu blockieren, ohne Leistung zu bringen.

Welche Vergütung ist also angemessen? Für welche Aufgabe gibt es wie viel? Gilt „gleicher Lohn für gleiche Arbeit“ auch im Ehrenamt? Julia und Gerd haben diskutiert.

Wie viel Lohn ist angemessen?

Die Aufwandsentschädigung muss zum Ehrenamt und zur Belastung passen.

Wie wichtig ist Ihnen die Vergütung Ihres ehrenamtlichen Engagements?
Gerd: Geld war für mich nie ein Antrieb. Es war immer die Aufgabe, die mich gereizt hat. Bis zu meinem 40. Lebensjahr waren alle meine Ehrenämter im Grunde nur für Gotteslohn. Allenfalls bekam ich eine Erstattung für die Fahrtkosten und die Sitzungszeit.

Julia: Selbst die Reisekosten habe ich nicht immer bekommen. Als Pellkartoffelprinzessin und -königin habe ich oft Fahrten und Kleider aus eigener Tasche gezahlt. Das war einfach so. Mittlerweile hat sich das geändert. Ich finde, auch das ist Teil der Wertschätzung.

Welche Vergütung ist angemessen?
Julia: Das hängt ganz stark von der Bedeutung des Amtes und vom Arbeitsaufwand für die Aufgabe ab. Grundsätzlich gilt für mich: Ehrenamtliches Engagement darf nicht auch noch Geld kosten.

Gerd: Das sehe ich auch so. Als ich Bauernpräsident geworden bin, habe ich eine auskömmliche Aufwandsentschädigung vom Verband erhalten. Davon musste ich allerdings zusätzliche Arbeitskräfte für den Betrieb finanzieren und Geld für meine Altersversorgung zurücklegen. Denn ein Ruhegeld bzw. eine Pension zahlt der Bauernverband nicht. Ich habe das als angemessen empfunden.

Die wenigsten bekleiden solche Spitzenämter. Wird das Ehrenamt auch in der Breite ausreichend entlohnt?

Gerd: Aus meiner Sicht ist da Vorsicht und Augenmaß geboten. Wenn es zu hohe Entschädigungen gibt, bekommt man Funktionäre, die sich nur wegen des Geldes aufstellen lassen. Mitunter sind sie für die Aufgabe nicht befähigt und blockieren den Posten über Jahre. Wir wollen doch aber diejenigen gewinnen, die für die Sache brennen und für den Job geeignet sind!

Teilen Sie diese Einschätzung?

Julia: Ja, das tue ich. Außerdem finde ich Gerechtigkeit wichtig. Für ähnliche Aufgaben muss es vergleichbare Entschädigungen geben, auch über Verbandsgrenzen hinweg. Ich habe einmal im Bundesvorstand der Landjugend erlebt, dass ein ungleiches Entgelt Unfrieden stiftet.

Zum Mitnehmen

Freiwilliges ehrenamtliches Engagement …

- darf kein Geld kosten,
- ist kein Job zum Geld Verdienen,
- muss aber angemessen nach Amt und Aufgabe vergütet werden.

Die Familie trägt

Rückhalt und Unterstützung

Partner und Kinder müssen das ehrenamtliche Engagement mittragen. Im Alltag, aber auch bei Gegenwind.

Intensives ehrenamtliches Engagement hat auch für die Familie Konsequenzen. Je stärker jemand zeitlich eingebunden ist, desto mehr Aufgaben in Familie, Haushalt und Betrieb muss der Lebenspartner übernehmen. Außerdem muss er sich damit arrangieren, dass er auch die Abende und die Freizeit oft ohne den anderen verbringt.

RÜCKSICHT UND VERTRAUEN

Gerd und Julia haben Glück: Ihre Lebenspartner stehen hinter ihnen und halten ihnen den Rücken frei. Auch, wenn es haarig wird.

Gerd sagt heute: Hätte er gespürt, dass seine Familie dem massiven Druck, der während der Milchkrise 2008/2009 auf ihn ausgeübt wurde, nicht hätte standhalten können, wäre sofort Schluss gewesen. Auch Julia ist konsequent: „Wenn die Partnerschaft und Familie leiden, dann läuft etwas schief im ehrenamtlichen Engagement“, lautet ihre Meinung.

Welche Absprachen Julia und Gerd mit ihren Familien getroffen haben und wie ihre Partner sie unterstützen, lesen Sie in diesem Kapitel.

Julia mit ihrem Mann Volker und den Kindern in ihrem großen Garten in Bargum, Nordfriesland.

„Hältst du das aus?"

Ihre Partner sind ihr größter Rückhalt. Wie beeinflusst das Ehrenamt die Familien von Julia und Gerd?

Julia Nissen bringt es auf den Punkt: „Ohne den Rückhalt des Partners funktioniert Ehrenamt nicht. Mein Mann muss hinter dem stehen, was ich tue." In ihrem Fall übernimmt ihr Ehemann Volker einen Großteil der Kinderbetreuung, wenn sie nicht da ist. „Wäre er dazu nicht bereit, würde ich sofort die Konsequenzen ziehen und im Ehrenamt kürzertreten", bestätigt Julia.

Auch Gerd Sonnleitners Ehefrau Rita trug seine Kandidatur für das Präsidentenamt im Bauernverband mit. „Sie hat mich zu meinen Vorstellungsrunden in den sieben Bezirken des bayerischen Bauernverbandes begleitet", erinnert er sich.

Wie wenig er als Bauernpräsident tatsächlich zu Hause sein würde, war dem Ehepaar zu dem Zeitpunkt noch nicht klar. Spätestens, als Sonnleitner bayerischer Bauernpräsident wurde, war er oft nur noch am Wochenende auf dem Hof oder kam während der Woche erst abends spät zurück nach Rottersham.

NEUE AUFGABEN

Nur konsequent: Sonnleitner übergab die Betriebsführung an seine Ehefrau. Anfangs beging er den Fehler, trotz seiner Abwesenheit noch mitreden zu wollen. „Ich habe zum Beispiel ihre Entscheidungen kritisiert. Da hat mir meine Frau klipp und klar zu verstehen gegeben: Entweder hältst Du dich raus oder Du machst es allein." Da habe er gewusst, was die Stunde geschlagen hat und die Betriebsführung fortan seiner Frau überlassen.

Schwer gefallen sei ihm dieser Schritt nicht. „Meine Frau hat das sehr erfolgreich gemacht. Außerdem hat sie mich manchmal noch um Rat gefragt. Den habe ich ihr gern gegeben. Und umgekehrt hat sie mir ja auch nicht in meinen Job hineingeredet", bestätigt er. Mit dieser Ar-

Gerd mit seiner Frau und den sechs Enkelkindern auf dem Hof der Familie.

beitsteilung sind die Sonnleitners all die Jahre gut gefahren.

UNTER DRUCK

Mitunter beeinflusst die ehrenamtliche Arbeit aber nicht nur den Alltag einer Familie. Wenn das Ehrenamt Kritik oder Gegenwind nach sich zieht, belastet das auch die Familienmitglieder.

Für Julia Nissen ist klar, dass es dabei Grenzen gibt. „Wenn die Familie durch meine Arbeit in Mitleidenschaft gezogen würde, wäre für mich sofort Feierabend." Ein Beispiel: Während ihrer früheren Tätigkeit als Redakteurin für das schleswig-holsteinische Bauernblatt bekam sie Liebesbriefe, die aus einer Justizvollzugsanstalt geschickt wurden. „Da war für mich eine Grenze überschritten", erinnert sie sich. Hilfe erhielt sie von der Redaktion.

Sonnleitners Familie machte während der Milchkrise 2008 und 2009 eine schwere Zeit durch. Doch selbst als er massiv in der Kritik stand und sogar bedroht wurde, hat die Familie das ausgehalten. „Meine Frau hat nie gewackelt. Sie ist sehr selbstbewusst. Da gab es nie Zweifel an dem, was ich tue. Und auch von den Kindern gab es keine negativen Signale", sagt er heute.

Im Nachhinein hält er den Rückhalt der Familie für entscheidend. Außerdem sei er sicher gewesen, dass nicht nur seine Mitstreiter und Freunde, sondern auch die schweigende Mehrheit der Landwirte hinter ihm stand. „Die waren froh, dass jemand den Rücken gerade macht und Kurs hält. Hätte ich diesen Rückhalt nicht gehabt, wäre Schluss gewesen."

ES GIBT GRENZEN

Immerhin musste die Familie mit massiver Ablehnung und sogar Drohungen zurechtkommen: „Meiner Frau wurden Patronen mit einem Kreuz oder Päckchen mit Schafscheiße zugeschickt. Die Zufahrt zu unserem Hof wurde mit Teerfarbe gestrichen und ich als Verräter und Judas der Bauern bezeichnet. Trotzdem hat sie mir immer den Rücken gestärkt", sagt er heute. Er habe sie oft gefragt, ob sie das aushalte. Ihre Antwort: „Wenn Du das schaffst, dann schaffe ich das auch."

Extreme Drucksituationen wie diese würden Julia schneller dazu bringen, die Reißleine zu ziehen. „Wenn das Ehrenamt die Partnerschaft belastet, läuft etwas schief. Dann würde ich sofort aussteigen", bestätigt sie.

Zum Mitnehmen

Rückhalt der Partner…

- ist unerlässlich. Sie müssen mehr Verantwortung für Hof und Familie übernehmen.
- Mitunter werden sie in die Kritik an ihrem Partner hineingezogen.

Im Gleich-gewicht

Abschalten und loslassen

Rituale helfen beim Abschalten. Gerd geht in den Garten oder in die Kirche. Julia sitzt mit ihrem Mann zusammen.

Julia und Gerd laufen beruflich und im Ehrenamt oft auf Hochtouren. Das Bedürfnis nach Ruhe und Erholung ist bei den beiden dennoch nicht besonders ausgeprägt. Sie fahren weder gern in den Urlaub noch besonders häufig. Doch beide wissen genau, welche Aktivitäten und Rituale sie erden und zur Ruhe kommen lassen.

ANKOMMEN UND DA SEIN

Schon das Zuhause-Ankommen in Bargum bzw. Rottersham nach einer anstrengenden Dienstreise oder Arbeitswoche reduziert ihr Stresslevel erheblich, berichten beide. Der Umgang mit der Familie tut sein Übriges. Auch das Werkeln in Haus und Garten ist eine willkommene Abwechslung zu Konferenzen und Gesprächen, sagen Julia und Gerd.

Dem Zeitgeist von Achtsamkeit und Work-Life-Balance bringen die beiden Hochleister nur wenig Verständnis entgegen. Sie fühlen sich nur selten ausgepowert oder erholungsbedürftig. Wie bleiben sie in Stressphasen und unter Anspannung stabil? Auf den nächsten Seiten berichten Julia und Gerd über ihre Strategien.

„Erst mal in den Garten"

Gerd macht viele Dinge mit sich selbst aus. Am Hoftor fällt der Stress von ihm ab.

Ich habe nie lange Erholungsphasen gebraucht. Wenn ich am Wochenende nach einer anstrengenden Berlin-Reise nach Hause gekommen bin, habe ich mich umgezogen, zur Baumschere gegriffen und bin für zwei Stunden in den Garten verschwunden. Danach war der Kopf frei, die Akkus wieder aufgeladen und ich war zur Ruhe gekommen. Dann konnte ich mich Frau und Familie zuwenden und voll für sie da sein, ihnen zuhören. Diese Zeitspanne vorher, ganz für mich allein, war dafür immens wichtig.

AB IN DEN GARTEN

Noch immer ist es meine liebste Freizeitbeschäftigung, draußen in der Hofanlage und im Garten zu arbeiten. Ich pflanze Bäume oder setze sie um, kümmere mich um den Baumschnitt. Auf unserem Hof wächst jetzt sogar ein Kiwi-Baum. Wir konnten in diesem Jahr rund 200 Kiwis ernten.

Anders war es, wenn ich abends oder nachts nach Hause kam. Dann habe ich mit meiner Frau gemütlich ein Glas Bier getrunken – ohne viel zu reden. Längere Auszeiten habe ich nie benötigt.

NIEMANDEN BELASTEN

Für das Bedürfnis vieler junger Menschen nach mehr Freizeit, Auszeiten, gar einem Sabbatjahr, fehlt mir das Verständnis. Ich denke mir immer: Wer das, was er tut, gerne tut, den stresst der Job auch nicht.

Vermutlich liegt das daran, dass ich mit einem anderen Arbeitsethos

erzogen wurde. Da brauchte man keine Auszeit. Da war man nicht einmal krank. Diese Haltung habe ich einfach durch meine Erziehung verinnerlicht. Da komme ich nicht gegen an. Ich fürchte, da bin ich ziemlich altmodisch.

AM HOF FÄLLT DER STRESS AB

Ich habe auch nie jemanden gebraucht, um Erlebnisse und Erfahrungen zu besprechen. Ich mache in der Regel alles mit mir selbst aus. Ich möchte damit niemanden belasten, auch nicht meine Frau. Mit Freunden wälze ich nur selten Probleme. Vermutlich ist das eine Typfrage.

Eine bestimmte Eigenschaft hilft mir sehr: Ich bin in der Lage, Probleme zeitweise einfach auszublenden. Spätestens, wenn ich vor unserem Hoftor stehe, ist die Anspannung erst einmal weg. Deshalb schlafe ich auch immer gut. Wer das nicht kann, kann zum Zyniker oder Säufer werden.

Sicherlich ist mein Fell im Laufe der Jahre immer dicker geworden. Ich weiß nicht, ob ich mit 30 schon dem Druck standgehalten hätte, dem ich zum Ende meiner Laufbahn ausgesetzt war. Ohne die Lebenserfahrung, die ich bereits gesammelt hatte, hätte ich in manchen Situationen die Brocken vielleicht hingeworfen und gesagt: Macht's euren Mist alleine.

Aber robust war ich schon immer, sowohl gesundheitlich als auch mental. Ich kann so einiges ertragen. Das hat mir oft geholfen.

„Ich brauche nicht viel Urlaub"

Zurückzukommen nach Nordfriesland, das entstresst Julias Alltag. Auch das Heimwerken und Gärtnern entspannt sie.

So tough wie Gerd bin ich nicht. Ich kann zwar nachts gut schlafen, trage ein Problem aber tagsüber mit mir herum. Meine goldene Regel lautet: Wenn mich ein Thema zwei Tage lang beschäftigt, muss ich es angehen. Das heißt: Ich muss es besprechen.

PROBLEME BESPRECHEN

Für mich ist es dabei immer ganz wichtig, die Emotionen auszuschalten, die damit verknüpft sind. Erst dann kann ich nüchtern die Sachargumente abwägen und eine Entscheidung treffen. Dabei helfen mir insbesondere Menschen, die weniger emotional sind als ich selbst. Das sind zum Beispiel meine Chefin in Berlin oder mein Mann. Ich merke aber auch, dass es mir mit zunehmendem Alter immer besser gelingt, mit Niederlagen und Enttäuschungen umzugehen.

Wenn ich abends nach Hause komme, z. B. nach einigen Tagen in Berlin, freue ich mich, wenn mein Mann noch wach ist. Oft sitzen wir dann noch gemütlich zusammen im Wohnzimmer.

Er fragt nicht groß, wie es war. Aber er hört zu, wenn ich etwas loswerden will. Das ist genau die Gangart, die mir guttut. Dann bin

"

Probleme, die mich länger als zwei Tage beschäftigen, spreche ich an.

– Julia Nissen –

ich ganz schnell zu Hause angekommen und lasse die Arbeit hinter mir.

Ein guter Ausgleich zum Netzwerken und zur Kopfarbeit, die meinen Arbeitsalltag bestimmen, ist die Arbeit mit den Händen.

Egal ob drinnen oder draußen: Ein Hochbeet bauen, im Haus ein Regal anbringen, renovieren oder etwas kreativ umgestalten: Das erdet mich. Spaß macht es mir auch. Letztes Jahr habe ich zu Weihnachten meinen eigenen Werkzeugkasten bekommen. Ich benutze ihn sehr oft. Ein tolles Geschenk!

EIN WOCHENENDE REICHT

Weder mir noch meinem Mann ist Urlaub besonders wichtig. Am besten kann ich meine Akkus zu Hause wieder aufladen. Aber wir fahren gern mal für ein verlängertes Wochenende weg, mehr brauchen wir nicht.

Wenn ich unterwegs bin, dann interessieren mich das Essen und die Menschen am Urlaubsort besonders. Unser Sohn lernt Urlaub zurzeit überwiegend über seine Großeltern kennen, die mit ihm nach Sylt fahren.

Das Bedürfnis, das viele meiner Altersgenossen haben, nämlich nach Achtsamkeit und einer ausgewogenen Work-Life-Balance, kann ich nur bedingt verstehen. Ich versuche aber, mich in deren Gedankenwelt hineinzuversetzen und ihre Befindlichkeiten zu akzeptieren.

Ich habe schon überlegt, ob man das Thema „Achtsamkeit und Wohlfühlen" für die Landwirtschaft nutzen könnte. Vielleicht sind 14-tägige Melkauszeiten für ausgebrannte Städter ein zukünftiges Geschäftsmodell?

Auch in der letzten Elternzeit habe ich viele Projekte gestartet. Ich kann nicht gut still sitzen.

Zum Mitnehmen

Jeder Mensch entspannt anders. Wichtig ist es,

- die Verhaltensweisen zu finden, die einem guttun und
- diese auch konsequent umzusetzen.

Für mich und für andere

Persönlicher Gewinn und beruflicher Nutzen

Wer sich ehrenamtlich engagiert, hilft der Gesellschaft und sich selbst. Auch persönlich ist das Amt oft ein Gewinn.

Das Ehrenamt wird häufig nur unzureichend vergütet (siehe Kapitel „Geldfrage“). Doch selbst wenn es gar nichts dafür gäbe, hätte es noch einen ansehnlichen „Return on Investment“ für jeden Ehrenamtlichen, finden Julia und Gerd.

PERSÖNLICH GEREIFT

Es steht außer Frage, dass die Gesellschaft ohne die unzähligen Ehrenamtlichen schlechter funktionieren würde. Die Arbeit eines Ehrenamtlichen hilft vielen Menschen. Viele Tätigkeiten lohnen sich jedoch auch für die Ehrenamtlichen selbst, ist Julia überzeugt. Das gelte besonders für die Landwirte, die sich der Öffentlichkeitsarbeit verschrieben haben: Mehr Präsenz im Ort kommt ihnen im Umgang mit Verbrauchern und Behörden direkt zugute und verbessert ihr Ansehen.

Gerd unterstreicht, dass das Ehrenamt nicht nur für den Betrieb und für berufliche Kontakte nützlich sei, sondern vor allem auch persönlichkeitsprägend sei. Gerade das, was er über den Umgang mit Menschen im Ehrenamt gelernt hat, habe ihn im Leben oft weitergebracht.

"

Ich glaube, viele wissen gar nicht, was einem das Ehrenamt zurückgibt.

– Julia Nissen –

„Gereift und gewachsen"

Freiwilliges Engagement ist wichtig für die Außenwirkung der Landwirtschaft. Das will Julia vermitteln.

Oft frage ich mich, warum immer weniger Menschen ehrenamtlich tätig werden. Schließlich bringt das nicht nur den anderen, sondern auch mir selbst eine Menge. Wenn ich jüngere Landwirte auffordere, aktiver zu werden, reagieren viele verständnislos.

Dabei ist es ganz einfach: Je positiver das Image der Landwirtschaft ausfällt, desto größer ist die Wertschätzung für Eure Arbeit. Je bekannter Ihr vor Ort seid, je transparenter Ihr agiert, desto größer wird die Akzeptanz. Umso kleiner die Wahrscheinlichkeit, dass man gegen Euch steht, wenn Ihr einen Stall oder eine Biogasanlage baut.

Die meisten Landwirte überzeugt das sogar. Ich biete an der Fachhochschule in Rendsburg ein Seminar zur Öffentlichkeitsarbeit auf dem Hof an. Für die wenigen Plätze müssen sich die Studierenden per Motivationsschreiben bewerben. Im Seminar erarbeiten wir dann Konzepte, die viele später auch umsetzen. Das schafft Erfolgserlebnisse und lässt bei manchen jungen Menschen den Funken für ehrenamtliche Arbeit überspringen.

Auch persönlich hat mich mein Engagement vorankommen lassen. Ich bin gereift und gewachsen. Ich habe gelernt, Situationen einzuschätzen und auf sie zu reagieren. Ich traue mir zu, Entscheidungen zu treffen, auch wenn ich scheitern kann. Ich lasse mich von Widerständen und Niederlagen nicht umwerfen. Das ist auch für den Beruf und das Privatleben wichtig.

„Das Ehrenamt macht zufrieden"

Gerds Ehrenämter lehrten ihn den Umgang mit Menschen. Das hat ihn persönlich und beruflich weitergebracht.

Die Ehrenämter, die ich innehatte, haben mich persönlich gestärkt. Ich habe dadurch Fähigkeiten erworben, die ich sonst nicht erlangt hätte. Vor allem habe ich im Laufe der Zeit gelernt, Menschen besser einzuschätzen. Ich kann dadurch mit ganz verschiedenen Typen gut umgehen. Das sind Eigenschaften, die mir persönlich und betrieblich geholfen haben.

PERSÖNLICH ERFOLGREICH

Nach meiner Beobachtung sind Personen, die sich ehrenamtlich einbringen, beruflich erfolgreicher und persönlich zufriedener als solche, die das nicht tun. Selbst wenn einem ehrenamtlich Tätigen gar keine Entschädigung für seinen Aufwand gezahlt würde, bekäme er für seinen Einsatz ordentlich was zurück. Davon abgesehen empfinde ich es als ehrliche Pflicht jedes gesunden und unbelasteten Menschen, seinen Beitrag zu Staat und Gesellschaft zu leisten.

Zum Mitnehmen

Wer ehrenamtlich aktiv ist,

- lernt Menschen einzuschätzen und zu führen,
- wächst als Persönlichkeit,
- ist bereit, Verantwortung zu übernehmen und
- kann auch mit Rückschlägen umgehen.

VDSF

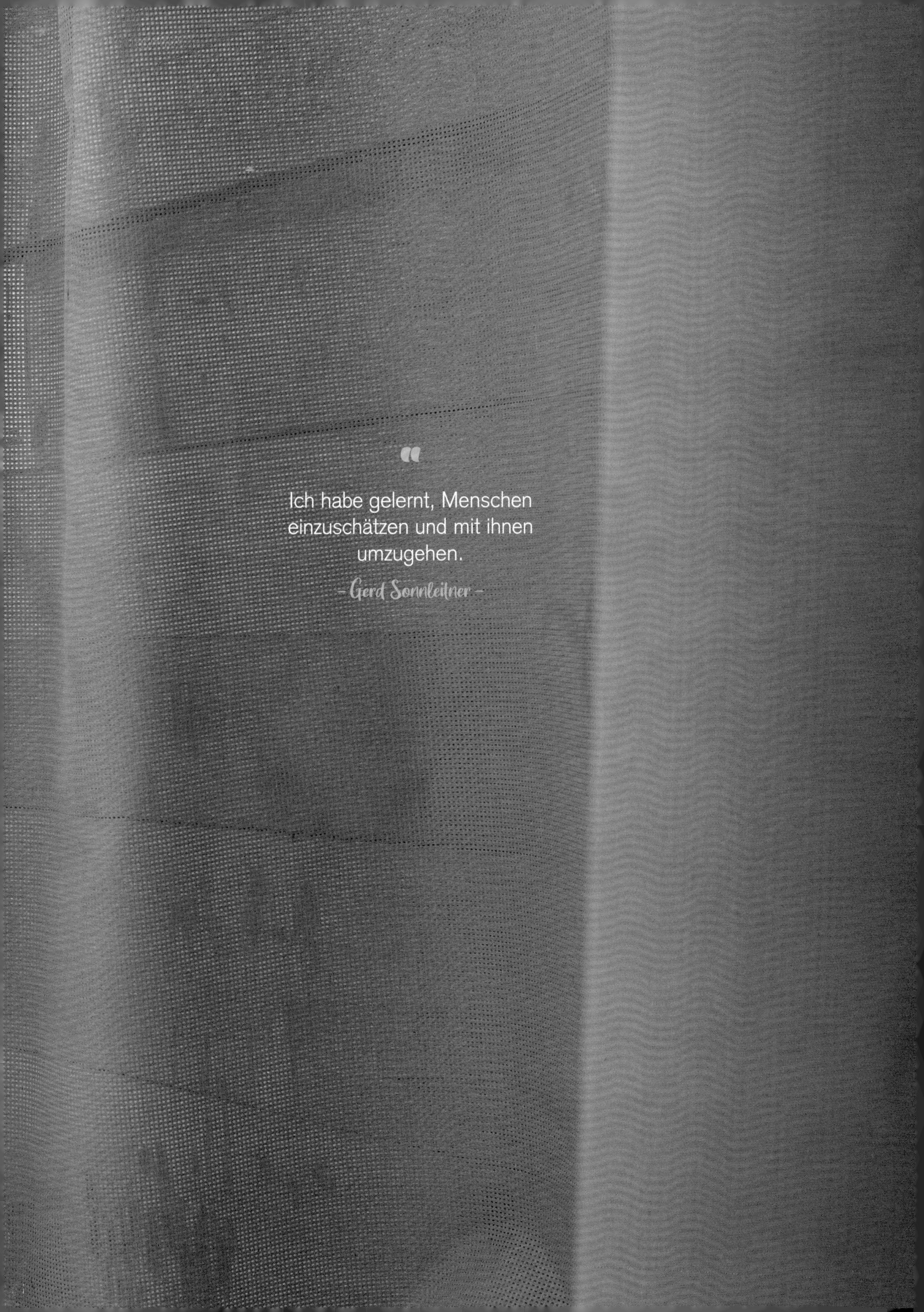

"

Ich habe gelernt, Menschen einzuschätzen und mit ihnen umzugehen.

– Gerd Sonnleitner –

Satt und müde

Mehr Jugend ins Ehrenamt!

In vielen Bereichen lässt das ehrenamtliche Engagement nach. Doch es gibt eine Gegenbewegung.

Die Kirchen, die Politik und viele Interessenverbände, auch in der Landwirtschaft, kämpfen mit Mitgliederschwund. Die Zahl derer, die dort über das Ehrenamt etwas bewegen wollen, schrumpft.

WANDEL DES ENGAGEMENTS

Gleichzeitig findet außerhalb der Verbände eine Mobilisierung der Gesellschaft statt. Das gilt für die Klimaschutzbewegung „Fridays for Future“ genauso wie für die landwirtschaftliche Gruppierung „Land schafft Verbindung“, der es innerhalb kürzester Zeit gelungen ist, zahlreiche Landwirte über die sozialen Medien zu organisieren und auf die Straße zu bringen. Ihr Protest wird bis ins Bundeskanzleramt gehört.

Wie sehen Julia Nissen und Gerd Sonnleitner diese Entwicklung? Wo sehen sie das Potenzial? Was macht ihnen Sorgen und welche Konsequenzen sehen sie für die Verbände? Beide halten den Fortbestand der berufsständischen Organisationen für entscheidend. Wie es gelingen kann, junge Menschen für die Arbeit in den Verbänden zu gewinnen, erklären sie hier.

Etwas bewegt sich

Es muss selbstverständlich werden, sich zu engagieren. Hier sind Eltern, Schulen und Politik gefragt.

Die jungen Leute sind heute viel ichbezogener und unpolitischer als früher, heißt es. Stimmt das?
Julia: Für mein direktes privates Umfeld hätte ich das bis vor Kurzem auch so unterschrieben. Politik spielte nur eine untergeordnete Rolle. Schließlich leben wir bereits in einer offeneren und toleranteren Gesellschaft, in der vieles rund läuft. Lange Zeit war der Druck, sich gegen etwas aufzulehnen, viel kleiner als früher. Ich habe das Gefühl, dass sich das gerade ändert. Denken wir nur an die Fridays-for-Future-Bewegung. Auch die landwirtschaftliche Initiative „Land schafft Verbindung", hat innerhalb kürzester Zeit viele Landwirte mobilisiert, um für ihre Anliegen auf die Straße zu gehen. Beide Bewegungen fühlen sich durch Politik und Gesellschaft nicht ausreichend repräsentiert.

Was macht den Reiz dieser jungen Gruppierungen aus?
Julia: Bei „Land schafft Verbindung" empfinde ich es als erfrischend, dass sie einfach loslegen. Organisieren sich einfach über WhatsApp-Gruppen und die sozialen Medien, obwohl das datenschutzrechtlich eigentlich gar nicht geht. Das hat schon Charme. Einfach die Ärmel hochkrempeln und loslegen.

Gerd: Auf den Demos sieht man neben all den Schleppern vor allem viele junge, tatkräftige Menschen. Das halte ich für ein echtes Pfund. Ich hätte da bestimmt mit in der ersten Reihe gestanden. Dagegen wirkt der Verbandsapparat träge und in die Jahre gekommen. Dabei erfüllt er eine sehr wichtige Funktion, wenn es darum geht, Veränderungen zu bewirken.

Welche Funktion ist das?
Julia: Mit lautem Gepolter und Schlepperdemos verschaffe ich mir zwar Aufmerksamkeit. Immerhin hat es „Land schafft Verbindung“ bis zum Agrargipfel ins Bundeskanzleramt geschafft. Aber wer wirklich etwas bewegen will, muss irgendwann in den Dialogmodus umschalten. Sich kompromissbereit zeigen, Positionspapiere verfassen, netzwerken. Sonst trägt der Protest keine Früchte.

Gerd: Das Know-how bereitstellen, an bestehende Verbindungen anknüpfen, Papiere verfassen: Da kann der Verband auf große Ressourcen zurückgreifen. Er braucht allerdings gute Leute und Geld, um diesen Aufgaben nachkommen zu können. Wenn der Berufsstand diesen Nutzen nicht mehr erkennt und sich gegen die Mitgliedschaft entscheidet, ginge eine schlagkräftige Standesorganisation in die Bedeutungslosigkeit. Als Eigentümer und Unternehmer brauchen wir sie aber. Das betrifft uns alle.

Wie kann man jungen Leuten den Sinn eines Berufsverbandes deutlich machen? Sie an ein Ehrenamt in der Politik heranführen?
Julia: Für meine Begriffe gibt es nur einen Weg: Anreize und Angebote schaffen. Ich bin im Studium auf einen parteiübergreifenden Politikvorbereitungskurs gestoßen. Er wurde vom schleswig-holsteinischen Innenministerium angeboten. Danach wusste ich, wie Politik funktioniert.

“

Wer sich politisch engagieren will, muss verstehen, wie Politik funktioniert.

– Julia Nissen –

Gilt das – übertragen auf die Landwirtschaft – auch für den zweimonatigen TOP Kurs der Landjugend für angehende Führungskräfte im landwirtschaftlichen Ehrenamt?
Julia: Er hat für mich vieles von dem, was ich über Agrarpolitik und die Agrarbranche schon wusste,

"

Ehrenamtliches
Engagement halte ich für
eine moralische Verpflichtung.

– Gerd Sonnleitner –

systematisch eingeordnet. Das hat mir sehr geholfen, das Gesamtsystem zu verstehen. Der TOP Kurs hat mir aber auch noch einmal deutlich gemacht, wie wichtig das zwischenmenschliche Element für bestimmte Entscheidungen ist. Manchmal bewundere ich, wie unsere Ministerin Klöckner manche Umgangsformen erträgt. Nachmittags begrüßt sie die Initiatoren von „Land schafft Verbindung" zum Kaffee – und kurze Zeit später laden selbige Herren fragwürdige, angreifende Videos im Netz hoch. Da wünsche ich mir von ihnen mehr Empathie und Reflexion.

Die beiden genannten Beispiele sind Angebote für ganz wenige. Was muss man tun, um das ehrenamtliche Engagement in der Breite zu fördern?
Gerd: Mir fehlt der Anspruch der Eltern, ihre Kinder so zu erziehen, dass es für diese normal ist, sich ehrenamtlich zu engagieren. Das ist für mich eine moralische Verpflichtung.

Warum ist diese Haltung verloren gegangen?
Gerd: Es ist heute üblich, die Kinder vor allen möglichen Widrigkeiten des Lebens beschützen zu wollen. Indirekt fördern Eltern damit eine individuelle Anspruchshaltung bei ihrem Nachwuchs. Da bleibt der Gemeinsinn auf der Strecke. Dann dürfen wir uns auch nicht wundern, wenn der Zusammenhalt immer geringer wird. Dabei sind unser Frieden, unser Wohlstand, unsere soziale Sicherheit nicht gottgegeben. Wir müssen daran arbeiten – wir alle, und das jeden Tag.

Julia: Ich nehme diese Defizite auch wahr. Viele junge Leute haben nicht verstanden, dass Engagement und Netzwerken mehr ist, als mit einem Glas Weinschorle nett zusammenzustehen.

Wie kann man ein neues Selbstverständnis für gesellschaftliches Engagement erreichen?
Gerd: Das ist eine schwierige Frage. Gerade zeigt sich: Sobald

"

Wer etwas bewegen will,
darf nicht nur poltern, sondern muss
auch leise Töne anschlagen.

– Julia Nissen –

die Umstände als hinreichend schlecht wahrgenommen werden, klappt es mit der Mobilisierung fast von alleine. Ich stelle aber insgesamt fest, dass viele junge Landwirte bezogen auf die Weiterentwicklung ihrer Betriebe viel ehrgeiziger und zielstrebiger sind, als ich es damals war. Da bleibt offenbar zu wenig Zeit für den Blick über den Tellerrand und das Ehrenamt bleibt auf der Strecke. Gesellschaftliches Engagement hatte früher mehr Gewicht, mehr Bedeutung.

Was sind die Folgen?
Gerd: Der Kitt, der die Gesellschaft zusammenhält, beginnt zu bröckeln. Das gilt nicht nur in der landwirtschaftlichen Branche, das ist ein gesamtgesellschaftliches Problem. Das nehmen wir doch alle wahr, oder?

Noch einmal: Wie kann man gegensteuern?
Julia: Die Stärkung des Gemeinsinns muss schon in der Schule anfangen …

Gerd: … und von allen gesellschaftlichen Institutionen, also auch von Politikern, Bürgermeistern und Bauernverbandsvertretern gelebt werden. Es reicht eben nicht, wenn alle nur nach dem Staat rufen, der das Problem lösen soll.

Julia: Der Staat sind wir alle. Das muss jeder kapieren.

Gerd: Gesellschaftlicher Zusammenhalt und ehrenamtliches Engagement sind Themenfelder, die viel stärker in das Zentrum der Diskussion rücken müssen. Das zeigt auch die leidenschaftliche Debatte über die Zukunft der Landwirtschaft, bei der ein ganzer Berufsstand pauschal kritisiert wird.

Julia: Die aktuelle Entwicklung zeigt, dass Mobilisierung gut und wichtig ist. Wenn man aber den Moment verpasst, gemeinsam mit den Entscheidungsträgern konstruktiv nach Lösungen zu suchen, verschreckt man damit auch Menschen, die der Idee eigentlich wohlgesonnen sind. Aber nur wer moderat auftritt, wird auch gehört. Die Radikalen finden nur in einer Partei Gehör – und das ist die AfD.

Zum Mitnehmen

Ehrenamtliches Engagement

- ist eine Aufgabe für alle,
- trägt entscheidend zum Zusammenhalt unserer Gesellschaft bei und
- verdient deshalb viel mehr Unterstützung in den Familien, aber auch von Politik und Gesellschaft.

Julia beim nachmittägli-
chen Klönschnack mit ihrer
Nachbarin in Bargum.

Ehrenamt im Wandel

Wie Social Media das Ehrenamt verändern

Fluch und Segen: Die sozialen Medien machen es einfacher, sich zu vernetzen. Aber sie können auch isolieren.

Andere Generation, anderer Umgang mit Internet und sozialen Medien! Während Julia morgens noch vor dem Aufstehen die sozialen Netzwerke checkt, ist Gerd mit dem Internet nicht allzu vertraut.

DAS NETZ VERÄNDERT DAS EHRENAMT

Doch in einer Sache sind sich die beiden einig: Die sozialen Medien verändern das Ehrenamt. Und sie sind für die Öffentlichkeitsarbeit der Landwirtschaft heute von großer Bedeutung. Zum einen erleichtern sie es dem Berufsstand, sich untereinander zu vernetzen und geschlossen als Gruppe aufzutreten. Zum anderen ermöglichen sie – trotz Filterblasen und Shitstorms – den direkten Austausch zwischen Landwirten und Verbrauchern.

Wie kann man diesen Austausch konstruktiv und aktiv gestalten? Wie kann es Verbänden gelingen, junge Menschen anzusprechen und sie nicht nur vom digitalen, sondern auch vom aktiven Ehrenamt vor Ort zu überzeugen? Gibt es Regeln, die Landwirte in den sozialen Medien befolgen sollten? Dazu haben Julia und Gerd viele Ideen.

Das Netz nutzen!

Wer heute fürs Ehrenamt begeistern will, muss das Netz nutzen. Welche Strategie ist die richtige?

Keine Frage: Das Internet und die sozialen Medien verändern unseren Alltag. Individualität und Selbstverwirklichung werden immer wichtiger: Eine Entwicklung, die auch das Ehrenamt betrifft. Julia ist jedoch überzeugt, dass die neuen Kommunikationsmittel viele Chancen bieten, Jüngere zu mobilisieren und für ehrenamtliche Tätigkeiten zu begeistern. Aber nicht nur. Positiv: Internetplattformen, z.B. Blogs, machen es dem Einzelnen leichter, sich ehrenamtlich zu bewegen und aktuelle politische Ereignisse zu verfolgen. Auch die Vernetzung über Foren, WhatsApp- oder Facebookgruppen gelingt wesentlich zügiger.

Ein Problem sieht die Bloggerin aber darin, dass sich viele Menschen nur noch in Filterblasen bewegen.

IN DER FILTERBLASE?

Dieses Phänomen beschreibt, dass Menschen im Netz überwiegend mit Gleichgesinnten kommunizieren. „Alle sind sich einig. Es fehlt der Austausch und die Auseinandersetzung mit den Argumenten der anderen, die man vielleicht nicht teilt“, präzisiert Julia. Das begrenzt den Austausch und ist nicht förderlich für das gegenseitige Verständnis, bestätigen Fachleute. „Im Prinzip rührt man immer mit denselben Leuten im eigenen Brei“, erläutert Julia.

DIE JUNGEN LEUTE ABHOLEN

Trotz dieser Gefahr sind Julia und Gerd sich einig: Wer junge Menschen fürs Ehrenamt begeistern will, muss dorthin gehen, wo sie aktiv sind. Sie dort abholen, wo sie stehen – also im Netz. Vor allem in den sozialen Medien. Es ist offensichtlich, dass viele Bildungsträger und öffentliche Stellen sich damit noch ziemlich schwertun.

Doch es gibt auch Beispiele und Formate, in denen das gut gelingt. „Ich finde etwa die ‚News-WG‘ des Bayerischen Rundfunks vorbildlich“, berichtet Julia. Hier erklären drei junge Journalisten aus ihrer Wohngemeinschaft heraus die neuesten politischen und gesellschaftlichen Entwicklungen auf Instagram. Sie ordnen ein, hinterfragen und analysieren in dreiminütigen Spots.

„Sicherlich ist ein solches Format oberflächlicher als eine halbstündige Dokumentation. Aber immer noch besser als nichts“, schränkt Julia ein. Sie ergänzt: „Ich würde mir wünschen, dass auch andere Bildungsträger schneller und mutiger auf die Bedürfnisse der jungen Leute reagieren würden.“

Damit solche Angebote auf fruchtbaren Boden fallen, führe aber kein Weg daran vorbei, aufgeklärte junge

Menschen zu erziehen, die es gelernt haben, unabhängig zu denken, ist Gerd überzeugt. Diese Erziehung sei eine wichtige Aufgabe für alle: „Familien sind ebenso verpflichtet daran zu arbeiten wie Hochschulen, Schulen und Weiterbildungseinrichtungen“, findet Gerd.

AUCH MAL OFFLINE SEIN

Grundvoraussetzung, um diese Fähigkeiten zu lernen, ist ein verantwortungsbewusster Umgang mit Smartphone und Co., sind sich Julia und Gerd einig. Wie kann solch ein Umgang gelingen?

Bloggerin Julia helfen dabei ihre täglichen Gewohnheiten und Rituale: „Ich gucke morgens direkt nach dem Aufwachen, aber noch vor dem Aufstehen, meine Kontakte auf Instagram und Co. durch. Dann bin ich up to date. Abends vor dem Einschlafen genauso“, erklärt sie. „Im Laufe des Tages gibt es aber immer wieder längere Offline-Phasen von mehreren Stunden“, erläutert Julia ihre Strategie.

Die Frau, die man sich immer nur mit Smartphone in der Hand vorstellt, ist sich sicher: Sie könnte tagelang ohne soziale Netzwerke auskommen.

„WIR HATTEN ES LEICHTER“

Gerd wuchs auf, als Zeitungen und maximal drei TV-Programme das Maß aller Dinge waren. Er nimmt wahr, dass die Informations- und Medienflut den Menschen heute viel Disziplin abverlangt. „Wir hatten es früher leichter. Die Versuchung war nicht so groß“, findet er.

Wer etwas erfahren wollte, musste lesen: „Das hatte auch Vorteile. Schon die alten Griechen wussten, dass man Zeit und Ruhe braucht, um zu reflektieren", gibt er zu bedenken „Ich glaube, die fehlen uns heute."

Den 71-Jährigen irritiert es, wenn im Restaurant die Paare nur noch in ihre Geräte schauen, statt miteinander zu sprechen. Oder an den Schulen alle nur wischen und tippen. „Die Sprachlosigkeit ist erschreckend", sagt Gerd.

Julia sieht das anders: „Das Handy gehört heute zum Leben dazu." Als ihre Schwiegermutter einmal die Handys der Familienmitglieder einsammeln wollte, damit alle miteinander ins Gespräch kommen, hat sie protestiert. „Das ist der falsche Ansatz. Man muss Angebote schaffen, die das Smartphone zur Nebensache werden lassen. Das Schönste ist es doch, wenn man merkt, dass man zwei Stunden gar nicht auf sein Handy geschaut hat."

Handy-Entzug hält sie noch aus einem anderen Grund für problematisch: Für junge Menschen sei es unerlässlich, den Umgang mit den Geräten zu lernen. „Medienkompetenz ist ein Schlüssel für die künftige Entwicklung", meint Julia.

Für Gerd geht das jedoch nicht ohne Regeln. Es müsse Phasen geben, in denen Handys tabu seien. „Beim Essen wird bei uns weder aufs Tablet noch aufs Handy noch in die Zeitung geschaut."

TIPPS FÜR SOCIAL MEDIA

Wichtiger als die Nutzungsdauer findet Julia, dass die Anwender wissen, wie sie sich richtig im Netz und in den sozialen Medien bewegen. Diese Kniffe haben sich für die Bloggerin bewährt:

- Beim Verfassen eines Posts an die Folgen denken. Nie aus der Emotion heraus formulieren!
- Posts, die heftige Reaktionen auslösen können, zwei- oder dreimal lesen, bevor man sie absetzt.
- Kritische Reaktionen mit einem persönlichen Video statt mit Text-Posting beantworten. Das ist direkt und führt schneller zur Deeskalation als ein anonymer Chat.
- Gerät man dennoch in einen Shitstorm: Cool bleiben! Die Seite kurz offline stellen, unangemessene Kommentare löschen, einige Teilnehmer blockieren und weitermachen. Ihre Erfahrung: Wer einen Shitstorm erlebt hat, geht da oft gestärkt raus. Also, keine Angst!

Zum Mitnehmen

In Zeiten von Social Media sind drei Dinge wichtig:

- Bildungsangebote, die die neuen Medien nutzen,
- Regeln, wie man mit dem Smartphone und den sozialen Medien umgeht und
- Hilfestellungen, wie man auf überzogene und nicht sachliche Kritik in Form von Shitstorms reagiert.

"

Ich bin gerne und viel online.
Mal eine Pause einzulegen,
wäre aber kein Problem.

– *Julia Nissen* –

Gemeinsam stark

Warum Zusammenhalt so wichtig ist

Um den Dialog mit der kritischen Öffentlichkeit zu meistern, müssen alle an einem Strang ziehen.

Zurzeit steht die Landwirtschaft so stark unter Druck wie lange nicht. Die Tierhaltung ist schwer in der Kritik. Der Ackerbau auch. Umweltverbände und Wasserversorger ziehen gegen die organische Düngung und den chemischen Pflanzenschutz zu Felde. Die Politik verschärft mit einer neuen Düngeverordnung das Ordnungsrecht und diskutiert im Rahmen der Ackerbaustrategie weitere Auflagen.

Die Meinungsmacher und Verbände in der Branche scheinen nicht recht zu wissen, welche Antwort sie darauf geben sollen: Wie können sie das ehrenamtliche Engagement für mehr Öffentlichkeitsarbeit verstärken? Derweil werden die Landwirte selbst aktiv – ohne Organisation im Hintergrund.

GRASWURZEL-BEWEGUNG

Trecker-Demos und grüne Kreuze: Die Bewegung „Land schafft Verbindung“ mobilisiert Zehntausende Landwirte, für ihren Beruf und ihre Betriebe Flagge zu zeigen. Kann daraus eine Lösung erwachsen? Welche Rolle spielen die Verbände? Wo liegen Chancen und Gefahren der Entwicklung?

Einer für alle …

Öffentlichkeitsarbeit ist nichts, was man nur den Verbänden überlassen kann. Jeder Einzelne ist gefragt.

Frau Nissen, Herr Sonnleitner, wie stehen Sie zu den Aktionen der Graswurzel-Bewegung „Land schafft Verbindung"?
Gerd: Ich freue mich darüber, dass die Landwirte aus ihrer Lethargie erwacht sind und etwas unternehmen. Auf den Demos kommen sie jung, tatkräftig und sympathisch rüber. Das ist ihre Stärke.

Julia: Ich habe dabei sehr gemischte Gefühle.

Woher kommt die Wut der Bauern?
Gerd: Die Gesellschaft hat die Bauern vom Leistungsträger zum Sündenbock degradiert. Viele sind zermürbt und haben das Vertrauen in die Politik verloren. Sie fühlen sich existenziell bedroht.

Sind die Landwirte da zu pessimistisch?
Gerd: Das glaube ich schon. Sicher ist die aktuelle Diskussion über die Landwirtschaft nicht angenehm. In der Geschichte der Bauernschaft hat es aber schon viele Krisen gegeben, die wir erfolgreich gemeistert haben.

Kommt die Branche mithilfe der Demos wieder in die Offensive?
Julia: Die Demos alleine werden nicht reichen. Entscheidend ist, dass wir die erzeugte Aufmerksamkeit jetzt nutzen und die Position der Landwirte zur Düngeverordnung darlegen. Ich glaube, dass das gemeinsam mit den Verbänden und berufsständischen Organisationen super funktionieren kann.

Löst die Bewegung bei Ihnen Sorge um den Bauernverband aus?
Gerd: Ein bisschen Sorge macht mir das schon. Wenn es uns nämlich nicht mehr gelingt, die jungen

Landwirte oder überhaupt die Masse der Landwirte zu mobilisieren, in den Verband einzutreten, dann bekommt der Apparat ein riesiges finanzielles Problem. Das hat er ja jetzt schon. Man braucht aber den Apparat, um das Know-how und die Verbindungen in die Politik aufrechterhalten zu können. Aber es ist natürlich klar, dass das Wort „Apparat" erst mal unattraktiv und schwerfällig klingt.

Julia: Wir haben zudem das Problem, dass viele Köche den Brei verderben. Es ziehen längst nicht alle berufsständischen Organisationen an einem Strang. Dadurch schwächen sie sich gegenseitig.

Gerd: Das sehe ich auch so. Egal, wo ich hinschaue, auf regionaler, deutscher oder europäischer Ebene, wird oft zu kleinteilig gedacht. Wir müssen viel stärker in den Fokus rücken, was insgesamt für die Landwirtschaft gut ist. Nicht für bestimmte Bereiche, für einzelne Landesbauernverbände oder für die DLG.

Kann sich das ändern?

Gerd: Es wird weiter einen vielfältigen Stimmen-Kanon geben. Das ist nur Ausdruck davon, wie breit wir aufgestellt sind. Es wäre aber schön, wenn die Landwirte sich dabei gegenseitig mehr Respekt zollen würden. Es gibt Regionen, da ist das Nebeneinander von Groß und Klein, von Haupt-, Zu- und Nebenerwerb, Ökos und Konventionellen seit vielen Generationen akzeptiert. Das gilt etwa für weite Teile Süddeutschlands.

Im Norden und Osten ist das nicht immer so. In den Augen vieler Wachstumsbetriebe sind die kleineren Betriebe dort nur lästige Störer bei der weiteren betrieblichen Entwicklung. Diese unterschiedliche Grundeinstellung färbt auch auf das ehrenamtliche Denken und Handeln im Berufsstand ab. Hier haben wir kein einheitliches Auftreten. Das halte ich für gefährlich.

Das ist ein bisschen ernüchternd.
Gerd: So sind Bauern. Diese Eifersüchteleien sind so alt wie der Bauernverband selbst. Insgesamt sollten wir uns aber in den Grundlinien besser abstimmen.

Wessen Aufgabe wäre das?
Gerd: Die des Bauernverbandes, meine ich. Den Anschub dazu müsste die junge Generation geben.

Hat der Bauernverband dazu gegenwärtig die Kraft?
Gerd: Daran müssen wir alle arbeiten. Wer sich klein, arm und hässlich macht, der wird von der Öffentlichkeit auch nicht ernst genommen. Wir alle lieben nur die Siegertypen.

Julia: Da bin ich komplett bei Ihnen. Viele sehen die Landwirte als eine Gruppe an, die immer nur stöhnt, gegen mehr Umwelt- und mehr Tierschutz ist. Das ist doch ein völlig schräges Bild, das sich nicht festsetzen darf. Deshalb finde ich es auch so schlimm, wenn diejenigen, die sich analog und digital gegen eine solche Denke stemmen, vom eigenen Berufsstand hinter vorgehaltener Hand als Selbstdarsteller hingestellt werden.

Wo sehen Sie Ansätze für eine positive Öffentlichkeitsarbeit?
Gerd: Der Bauernverband müsste viel stärker junge Netzwerker aus der Agrarszene unterstützen, strategische Allianzen schaffen. Mit dem Gerd Sonnleitner-Preis der Landwirtschaftlichen Rentenbank fördern wir solche innovativen Ansätze und die Personen, die dahinterstehen. Das kann aber nur ein Anstoß sein.

Wer könnte – neben Agrarbloggern und Influencern – noch etwas tun?
Gerd: Hier ist eigentlich der gesamte Berufsstand gefordert. Ich glaube, dass diese Einsicht gerade langsam durchsickert. Nur wenn wir es schaffen, generationsübergreifend einen stärkeren Zusammenhalt im Berufsstand zu erreichen, kommen wir in der Kommunikation mit der Öffentlichkeit schnell genug voran. „Land schafft Verbindung" zeigt zurzeit eindrücklich, was möglich ist, wenn alle an einem Strang ziehen. Das könnte der Bauernverband gar nicht alleine schaffen. Doch noch

Moin

"

Viele denken, dass die Landwirte immer nur stöhnen. Das ist doch ein völlig schräges Bild.

– Julia Nissen –

immer scheint nicht jedem klar zu sein, dass Öffentlichkeitsarbeit eine Unternehmeraufgabe für alle ist.

Was kann der einzelne Landwirt tun?
Gerd: Er kann immer wieder erklären und zeigen. Erklären, wie heute Landwirtschaft betrieben wird und warum sich die Betriebe so entwickelt haben. Zeigen, was die Landwirte für Boden, Wasser, Luft und Biodiversität tun, wie sie ihre Tiere halten. Und vor allem agieren und nicht immer nur reagieren. Wenn die Kritik erst geäußert ist, ist das Kind schon in den Brunnen gefallen. Mit dem Forum Moderne Landwirtschaft und anderen Aktivitäten sind wir auf dem richtigen Weg. Das ist aber nur ein Anfang. Die Bauern müssen begreifen, dass alle gefordert sind.

Wo können die Bauern Verbündete finden?
Gerd: Auch die Molkereien, Schlachter, der Landhandel und alle anderen, die von den Landwirten leben, sollten sich engagieren. Die Bereitschaft dazu vermisse ich, insbesondere bei den Genossenschaften. Das ist für mich besonders enttäuschend, weil dort Landwirte in den Gremien sitzen.

Sollte Öffentlichkeitsarbeit Teil der Ausbildung werden?
Gerd: Auf jeden Fall. Mir fehlt in der Ausbildung vor allem die gesellschaftspolitische Einordnung der Landwirtschaft. Es geht fast ausschließlich um die wirtschaftliche Weiterentwicklung der Betriebe. Wie kann man noch schneller noch größer werden? Das ist auch wichtig, keine Frage. Aber wie die Landwirtschaft in der Öffentlichkeit gesehen wird, ist eben auch von Bedeutung. Die Akzeptanz der Landwirtschaft ist unsere Lizenz zur Produktion. Das blenden leider zu viele im Berufsstand aus. In der Bewegung „Land schafft Verbindung" sehe ich große Chancen. Sie könnte mehr Akzeptanz schaffen.

Wie könnte das konkret aussehen?
Gerd: In den Agrarfachschulen und im Landwirtschaftsstudium muss es auch Unterrichtseinheiten aus den Themenbereichen Politik, Philosophie und Ethik geben, damit die angehenden Betriebsleiterinnen und -leiter lernen, über den Tellerrand des eigenen Betriebs zu schauen, ihr Tun zu reflektieren.

Inwieweit stehen auch die Ausbilder in der Verantwortung?
Julia: Die sollten dieses vorausschauende, über den eigenen Betrieb hinausgehende Denken und Handeln ebenfalls vermitteln.

Woran scheitert eine schlagkräftige Öffentlichkeitsarbeit zurzeit noch?
Julia: An der Vielstimmigkeit. Es gibt zwar eine Vielzahl von lokalen und regionalen Aktivitäten. Aber die haben leider wenig oder gar nichts miteinander zu tun.

Gerd: Das Problem ist, dass jeder, der Geld gibt, vor Ort den Nutzen sehen will. Das kann nicht funktionieren.

Heißt das, die Branche sabotiert sich aktuell selbst?
Julia: In gewisser Weise, ja. Es ist leider nicht allen klar, dass wir die Öffentlichkeitsarbeit nicht für die Bauern, sondern für die Bürger und Verbraucher machen. Es geht doch nicht darum, dass die Öffentlichkeitsarbeit den Bauern gefällt. Sie muss bei den Nicht-Landwirten ankommen. Diese immer wieder aufflammenden Diskussionen und Akzeptanzprobleme im Berufsstand sind unser Grundproblem. Das ist nicht zielführend.

Wie nehmen Sie diese Scharmützel wahr?
Julia: Als schwierig. Oft liegen die Gründe auf persönlicher Ebene. Das bremst die Arbeit.

Wie überwindet man solche Situationen?
Julia: Durch persönliche und individuelle Ansprache, um die Leute dort abzuholen, wo sie stehen. Ganz wichtig ist es, gemeinsame Erfolgserlebnisse zu schaffen.

Nervt das nicht ungemein? Und hält das nicht fähige Köpfe davon ab, sich zu engagieren?
Julia: Ja, keine Frage.

Gerd: Oft denke ich bei solchen kleinkarierten Diskussionen: Jetzt reißt Euch zusammen.

Welche Botschaft würden Sie der Gesellschaft gerne verdeutlichen?
Gerd: Wir müssen noch viel stärker auf die enormen Widersprüche in

der gesellschaftlichen Diskussion hinweisen. Es wird gefordert, dass die Lebensmittelproduktion nachhaltiger und ökologischer wird. Mehr Tier- und Umweltschutz machen das Essen aber teurer. Gleichzeitig sprechen wir über die wachsende Kinder- und Altersarmut. Immer mehr Menschen können sich hochpreisiges Essen also gar nicht leisten, wenn zum Beispiel insbesondere das Wohnen immer mehr kostet. Der wachsende Zulauf zu den Tafeln belegt das. Und trotzdem wird die konventionelle Landwirtschaft verteufelt, die qualitativ hochwertige und erschwingliche Nahrungsmittel liefert. Das passt einfach nicht zusammen.

Was passiert, wenn die Branche den Imagewechsel nicht schafft?
Gerd: Dann verlieren wir die Wertschätzung der großen Mehrheit der Verbraucher. Aber ich bin mir sicher: Wir haben dazu die Kraft.

Ist es schon zu spät, das Ruder rumzureißen?
Julia: Auf keinen Fall. Es gibt für mich keinen Grund, die Flinte ins Korn zu werfen. Es lohnt sich für mich bei aller internen und externen Kritik weiterhin dafür zu kämpfen, dass die Landwirtschaft in Deutschland eine gute Zukunft bekommt. Dass das gelingt, davon bin ich fest überzeugt und deshalb weiterhin bereit, meinen Beitrag dazu zu leisten.

Zum Mitnehmen

Eine glaubwürdige Öffentlichkeitsarbeit erfordert,

- die jungen Landwirte schon in der Ausbildung für diese Aufgabe zu sensibilisieren,
- inhaltlich die Bedürfnisse der Verbraucher zu erfüllen und
- an einem Strang zu ziehen und die Kräfte zu bündeln.

Neue Wege gehen

Verkrustete Strukturen aufbrechen

Eine flache Hierarchie und ein höherer Frauenanteil würden die Verbände attraktiver machen, sagen Julia und Gerd.

Schon die vorherigen Kapitel zeigen: Die Strukturen der landwirtschaftlichen Verbände wirken mitunter verkrustet und schwerfällig. Es gelingt ihnen immer weniger, junge Menschen für ehrenamtliches Engagement zu begeistern. Die Jungen organisieren sich lieber außerhalb: unbürokratisch und schnell, oft mithilfe der sozialen Medien.

ATTRAKTIVER WERDEN?

Wie kann es den Verbänden gelingen, für die Jugend attraktiver zu werden? Gerd und Julia halten die starren Hierarchien in vielen Verbänden für eine entscheidende Eintrittsbarriere. Gerd bedauert es zudem, dass noch immer nicht genug Frauen in Führungsverantwortung gelangen. „Das wäre eine Frischekur für viele landwirtschaftliche Organisationen", ist seine Meinung. Julia hält es zudem für problematisch, dass oftmals junge und alte, erfahrene und unerfahrene Ehrenamtler gegeneinander statt miteinander arbeiten.

Was läuft falsch? Wo sollte man ansetzen, um es besser zu machen? Das diskutieren Julia und Gerd auf den folgenden Seiten.

„Wir müssen moderner sein"

Frauen fördern und Hürden abbauen: Jungen Leuten den Einstieg ins Ehrenamt leicht machen!

Frauen sind oft kommunikativer als Männer. Wird dieses Potenzial im landwirtschaftlichen Ehrenamt schon abgerufen?
Julia: Nicht in dem Umfang, in dem man es könnte.

Gerd: Das sehe ich auch so.

Welche Rolle können insbesondere die LandFrauen spielen?
Julia: Die LandFrauen sind ein ganz wichtiges Bindeglied zwischen Bauern und Bürgern. Etwa zehn Prozent der Mitglieder stammen direkt aus der Landwirtschaft. Im Verband gibt es daher viele Berührungspunkte zwischen Verbraucherinnen und Landwirtinnen. Das stärkt den Dialog.

Aber auch bei den LandFrauen gibt es starre Strukturen. Wer sich engagieren will, muss die berühmte Ochsentour machen.
Julia: Wir müssen das unglückliche Thema Jung gegen Alt bzw. einfaches Mitglied versus Funktionsträger aufbrechen. Wir müssen den jungen Frauen Raum geben, sich zu entfalten. Dabei darf man ihnen keinen Rahmen aufzwingen, sondern muss sie machen lassen. Wir versuchen das in Schleswig-Holstein gezielt mit dem Konzept der „jungen LandFrauen". In fast jedem Kreis gibt es für die Gruppe ein eigenständiges Programmangebot mit Themen, die junge Frauen ansprechen. Das ist ein Erfolgsrezept, wie sich gezeigt hat. Es lockt neue Frauen in den

Internetsprechstunde: Julia erklärt LandFrauen praktische Webanwendungen.

Verband. Inzwischen gibt es solche Ansätze in vielen Bundesländern.

Gerd: Das ist sicher ein richtiger Schritt. Meines Erachtens müssen wir noch viel weiterdenken. Der Deutsche Bauernverband ist neben der Katholischen Kirche die einzige Organisation, die nur von Männern geführt wird. Auch das muss sich ändern. Wir brauchen einen gemischtgeschlechtlichen Verband.

Also den LandFrauenverband auflösen?
Gerd: Das muss gar nicht sein. Aber es wäre ein großer Vorteil für uns, wenn in den Gremien des Bauernverbands mindestens 30 bis 40 % Frauen säßen.

Welche Vorteile hätte das?
Gerd: Ich habe die Erfahrung gemacht, dass sich die Diskussionskultur verbessert und die Argumentationsketten breiter werden, weil die Frauen andere Blickwinkel und Wahrnehmungen in die Diskussion einbringen. Das hilft uns.

Warum sind die Gremien des Bauernverbandes dann immer noch so männerlastig?
Gerd: Weil ich in meiner Amtszeit mit einem entsprechenden Vorstoß für eine Frauenquote gescheitert bin. Übrigens auch am Widerstand der Frauen: Sie hatten die Sorge, dass ich ihnen die fähigsten Damen aus dem LandFrauenverband abziehen wollte.

Wer sich austauscht, bringt dem anderen die eigene Position näher. Das beugt Konkurrenz- und Konfliktsituationen vor, auch innerhalb der Verbände.

"

Frauen bringen andere Blickwinkel und Wahrnehmungen in die Diskussion ein. Das bereichert die Debattenkultur.

– Gerd Sonnleitner –

Julia: Umgekehrt ist es fast noch krasser. Den LandFrauen ist vor einiger Zeit die Gemeinnützigkeit aberkannt worden, weil sie per Satzung die Aufnahme von Männern ausschließen. Ich frage mich, warum eigentlich.

Gerd: Der Bauernverband könnte dagegen sehr wohl eine Präsidentin haben.

Müssen wir über ganz neue Verbandsstrukturen nachdenken, um als Stimme des ländlichen Raums gehört zu werden? Sind die etablierten Einzelverbände, also Landjugend, LandFrauen und Bauernverband, überholt?
Gerd: Zumindest brauchen wir beim Bauernverband eine verbindliche Frauenquote. Ich war früher immer gegen solche Quoten. Ich stelle aber fest, dass es an keiner Stelle eine angemessene Vertretung von Frauen gibt, wo diese nicht verbindlich festgeschrieben wurde. Über die Höhe der Quote beim Einstieg kann man reden. Sie darf anfangs nicht zu hoch sein, damit wir genug vorbereitete Frauen haben. Aber sie muss zugleich ambitioniert genug sein.

Julia: Ein mutiger Vorschlag!

Und die Landjugend?
Gerd: Die Landjugend muss eigenständig bleiben. Die brauchen ihre Freiheiten, dürfen in Zukunft aber frecher und lauter sein. Mir sind die viel zu ruhig.

Zum Mitnehmen

Modernes Ehrenamt braucht Strukturen, die

- jungen Menschen den Einstieg ohne große Hürden und lange Ochsentour ermöglichen und
- die den Anteil der Frauen in den berufsständischen Organisationen erhöhen.

"

Wir müssen den jungen LandFrauen den Raum geben, sich zu entfalten. Sie einfach mal machen lassen.

– Julia Nissen –

Lebens-
läufe

Schnappschüsse und Schlaglichter

Fest verankert: Julia und Gerd öffnen ihre Fotoalben und zeigen ihre Lebensläufe. Eine Reise zu den Anfängen.

Wie wurden Julia Nissen und Gerd Sonnleitner zu den Persönlichkeiten, die sie heute sind? Wir werfen einen Blick zurück in die Vergangenheit. Julia und Gerd zeigen wichtige Stationen ihres Lebens anhand ihrer Lebensläufe und alter Fotos. Von der Kindheit über die Schulzeit bis zu den prägenden Jahren der Ausbildung und dem Start ins Berufsleben: Was bleibt ihnen aus dieser Zeit in Erinnerung?

BLICK INS FAMILIENALBUM

Für diese Rückschau schickt uns Gerd ein seitenlanges, handgeschriebenes Fax mit seinem Lebenslauf, allen Ehrenämtern und Auszeichnungen, die er erhalten hat. Julia hingegen stellt uns den Lebenslauf aus einer früheren Bewerbung per Mail zur Verfügung.

Außerdem dürfen wir einen Blick in die Familienalben werfen. Gerds Bilder sind zum Großteil noch in schwarz-weiß. Julia schickt uns auch digitale Erinnerungen von der Festplatte. Alle Bilder zeigen Personen, die für Julia und Gerd von Bedeutung sind. Das vorletzte Kapitel – eine Reise in Julias und Gerds Vergangenheit.

Vita Julia

Netzwerkerin, Zweifach-Mutter, kreativer Kopf.

Symbolisch zeigt es auch das Foto auf der rechten Seite: Julia ist eine Pendlerin zwischen den Welten. Unterwegs zwischen Bargum und Berlin, Familie und Job, Blog, Haushalt und Ehrenamt.

In Nordfriesland, bei den Gesprächen für dieses Buch, fragen wir Julia ungläubig: Wann macht sie das eigentlich alles? Hat ihr Tag mehr Stunden als unserer? Natürlich nicht. Doch Julia ist fokussiert. Sie schafft es, ihre vielseitigen Interessen geschickt unter einen Hut zu bringen.

WEITER HORIZONT

Nach dem Abitur besucht Julia die Landfrauenschule in Hademarschen, lernt zu kochen, backen und nähen. Sie hat das Bedürfnis nach einer handfesten Ausbildung, auch wenn ihr der Sinn mancher Inhalte erst später einleuchtet.

Im Jahr 2013 schließt sie nach fünf Jahren das Bachelorstudium in Agrarwissenschaften ab. Weil es ihr wichtig ist, ihren Lebensunterhalt selbst zu verdienen und sie während des Studiums schon ehrenamtlich durchstartet, plant sie von vornherein etwas mehr Zeit für das Studium ein. Ihr Blick über den Tellerrand macht sie zu einer guten Netzwerkerin und Kennerin der Agrarszene. Das hilft ihr im Beruf.

TEXTEN, REDEN, VERBINDEN

Zuerst bei der „Fördergemeinschaft Nachhaltige Landwirtschaft e.V." in Berlin, dann als Redakteurin beim „Bauernblatt" in Rendsburg, später als Netzwerkerin beim „Forum Moderne Landwirtschaft e.V".: Von Berufs wegen muss Julia texten, reden und verbinden. Ihre Kompromissbereitschaft, ihre Fähigkeit zum Dialog und ihr Gespür für Stimmungen helfen ihr dabei.

Im Beruf wird ihr klar, dass jeder einzelne Landwirt einen Beitrag zur Öffentlichkeitsarbeit leisten muss. Julia sieht sich auch selbst in der Pflicht und startet 2016 ihren Blog „Deichdeern", der schnell zum Herzensprojekt wird. Hier kann sie ihre kreative Seite ausleben. 2020 folgt die „App aufs Land", die Landerlebnisse von privat zu privat vermittelt. Julias Begeisterung ist zu spüren, wenn sie davon erzählt.

Lebenslauf von
Julia Nissen

Beruflicher Werdegang

2007 – 2008
Fachschule für ländliche Hauswirtschaft, Landfrauenschule Hademarschen

2008 – 2013
Bachelor Agrarwissenschaften, Christian-Albrechts-Universität zu Kiel

2013 – 2014
Teamassistentin, Fördergemeinschaft Nachhaltige Landwirtschaft, Berlin

2014 – 2016
Redakteurin, Bauernblatt GmbH, Rendsburg

2016 bis heute
Blog deichdeern.com

Projektleiterin Netzwerk, Forum Moderne Landwirtschaft e. V.

Praktika und Lehrgänge

Landwirtschaftliche Praktika in Paraguay und Norddeutschland, Erntehelferin im Landhandel, Lehrgang Bauernhofpädagogik

Vita Gerd

Landwirt, Ehrenpräsident, Großvater.

Das Foto rechts zeigt Gerd Sonnleitner bei seiner liebsten Tätigkeit: der Gartenarbeit in Rottersham, auf seinem Hof in Einzellage. Hier, am Hoftor, fällt der Stress von ihm ab, hier ist er zu Hause. Während seiner Zeit als Bauernpräsident in München und später in Berlin treibt es ihn nach seiner Ankunft auf dem Hof erst einmal in den Garten, um Stress, Verantwortung und Großstadtstaub abzuschütteln. Danach ist er bereit für die Familie.

ZUFRIEDEN AUF DEM HOF

Ohnehin ist der Hof in Rottersham die Konstante in Gerd Sonnleitners Leben. Schon als Kind und später als Schüler ist ihm klar, dass er einmal Hofnachfolger sein wird. An dieser Überzeugung ändern auch vier Jahre auf der Passauer Wirtschaftsschule und im Internat nichts. Statt das Abitur anzustreben, beginnt Gerd eine landwirtschaftliche Ausbildung im elterlichen Betrieb.

Während seiner Auslandsaufenthalte in Finnland und den USA gelingt Gerd der Blick über den Tellerrand, der ihn vieles lehrt.

Im Jahr 1975 übernimmt er den elterlichen Betrieb und wird ein zufriedener Landwirt. Er führt den Hof bis heute als Betriebsleiter – oder „erster Arbeiter“, wie er selbst es nennt.

ABWECHSLUNG IM AMT

Abwechslung und Herausforderungen findet Gerd im Ehrenamt. Im Alter von 23 Jahren übernimmt er das erste politische Mandat – er wird in den Gemeinderat des Marktes Ruhstorf gewählt. Es folgen zahlreiche Ämter, die neben der Politik überwiegend dem landwirtschaftlichen Berufsstand dienen.

Es ist Gerd ein Anliegen, sich fürs Gemeinwohl einzusetzen und dabei unabhängig zu bleiben. Sein Antrieb: Das Mitgestalten der Gesellschaft, die Lust auf Diskussionen. Gerd ist ein politischer Mensch, der etwas beisteuern will.

Gerd und seine Frau Rita haben zwei Kinder. Zeit zusammen erlebt die Familie fast nur am Wochenende. Es ist ein abwechslungsreiches, ein vollgepacktes Leben. Doch Termine erträgt Gerd klaglos.

Lebenslauf von Gerd Sonnleitner

Schulen

1954 – 1960
Volksschule, Ruhstorf

1960 – 1964
Wirtschaftsschule, Passau

1968 – 1969
Landwirtschaftsschule, Rotthalmünster

1972 – 1973
Höhere Landbauschule

Sonstiges

1970
Fünf Monate landwirtschaftliches Praktikum in Finnland

1972
Fünf Monate Jugendbotschafter Deutschlands in den USA (über die McCloy-Stiftung)

Beruf

1975 bis heute
Landwirt und Betriebsleiter, Ruhstorf a.d. Rott

Auszeichnungen

Für ihr ehrenamtliches Engagement wurden Julia und Gerd vielfach ausgezeichnet. Hier einige ihrer Ehrungen.

Auszeichnungen Julia

2020
Beste Bloggerin digital future awards, agrarheute.com

2019
Förderpreis der Agrarwirtschaft

2014
Internationaler DLG-Preis

2013
Vollstipendium der Investitionsbank Schleswig-Holstein für den 38. TOP Kurs der Andreas Hermes Akademie, Bonn

2008
Förderpreis der Landfrauenschule Hademarschen für besonderes Engagement

Auszeichnungen Gerd

2017

Ehrenbürger, Markt Ruhstorf

Ehrenpräsident des Bayerischen, Deutschen und Europäischen Bauernverbandes

2016

Medaille für besondere Verdienste um Bayern im Vereinigten Europa

Großes Ehrenzeichen für die Verdienste um die Rep. Österreich

2013

Ordre du Mérite agricole (Stufe Kommandeur), Frankreich

2012

Großes Verdienstkreuz des Verdienstordens der Bundesrepublik Deutschland

Goldene Ähre Bay. Bauernverband

Professor-Niklas-Medaille des Ministeriums für Ernährung und Landwirtschaft

Bay. Staatsmedaille in Gold für besondere Verdienste in Ernährungs-, Land- und Forstwirtschaft

2001

Dinosaurier des Jahres, NABU (Naturschutzbund, Negativpreis)

1999

Bayerischer Verdienstorden

Julia Nissen

**Schnappschüsse:
Julias Leben in Bildern.**

1. Julia bei ihrer Hochzeit mit Ehemann Volker auf dem Land.
2. Kindheit Ende der 1980er in Kellinghusen mit Oma Erika und dem fünf Tage jüngeren Cousin Jan.
3. Julia im Einsatz als AgrarScout auf der Grünen Woche, Berlin.
4. Julia mit vier Jahren an der Schreibmaschine in Omas Büro.
5. Den Motorradführerschein spendiert Julias Vater Reimer Saß 2005 – den für den Pkw hingegen nicht.
6. Julia und ihr wichtigster Kindheitsbegleiter: Hund Fritz.
7. Julia bei ihrem ersten Live-TV-Auftritt in der NDR-Talkshow.
8. Mittendrin statt nur dabei: Die Kindheit im Landhandel zwischen Bauern und Lkw-Fahrern prägt.
9. Julia auf dem Betrieb ihres Schwagers Hauke Nissen.

4

5

6

7

8

9

Gerd Sonnleitner

Ein Blick in Gerds Familienalbum.

1. Inniger Moment mit dem sechs Jahre jüngeren Bruder Christian.
2. Die 90er: Gerd mit Ehefrau Rita und Tochter Tini in Rottersham.
3. Die 2000er: Mit Tochter Tini auf einem festlichen Empfang.
4. Gerd mit Schwester Brigitte auf dem elterlichen Hof in Rottersham.
5. Gerd im Alter von 14 Jahren: Er war ein guter Schüler und hat schon in der Jugend leidenschaftlich gerne diskutiert.
6. Während seiner Zeit als Präsident des Bayerischen Bauernverbands und in Berlin beschränkt sich das Familienleben überwiegend aufs Wochenende.
7. Gerd im Kleinkind-Alter.
8. Langhaarig: In den 1960ern empfand Gerd so manche Tradition als spießig und beengend.

4

5

6

7

8

Der Geist von Husum

Intensive Gesprächsrunden

Julia und Gerd lernen sich erst in Husum kennen. Sechs Gesprächsrunden legen den Grundstein für dieses Buch.

Wie schafft man es, dass zwei Menschen, die sich gar nicht kennen, in Gesprächen ihre persönliche Seite offenbaren – obwohl sie wissen, dass später ein Buch daraus entstehen wird?

Die halbe Miete ist dabei sicherlich: Julia und Gerd sind aufgeschlossene, zugewandte und selbstbewusste Persönlichkeiten. Beiden ist es wichtig, über das Ehrenamt zu sprechen und Begeisterung zu teilen.

Der Rest kommt in der nordfriesisch-rauhen Frühlingsluft fast von alleine. Bei Besichtigungen und gutem Essen taut auch das letzte Eis zwischen den Redakteuren des Landwirtschaftsverlags und den Protagonisten dieses Buches.

BAUER TRIFFT BLOGGERIN

Bald sind die Gespräche zwischen dem Bauern(-präsidenten) und der Bloggerin herzlich, es wird viel gelacht, geht aber auch nachdenklich zu. Die Diskussionen sind hitzig. Oft wird interessiert, manchmal staunend zugehört. Das gegenseitige Verständnis wächst. Das Aufeinandertreffen dieser starken Charaktere ist inspirierend für alle Beteiligten: Bauer trifft Bloggerin.

Oben/unten links: Pharisäer wärmt und macht locker. Unten rechts: Bei der Lammkönigin.

Tage am Meer

Zwischen gutem Essen und Nordfrieslands Sehenswürdigkeiten finden intensive Gespräche statt.

Es ist Anfang Mai 2019. Der Wind peitscht über den Deich, die Wolken hängen tief über dem Fähranleger von Dagebüll, Nordfriesland. Frierend schauen wir, Julia Nissen, Gerd Sonnleitner, Reingard Bröcker und Ludger Schulze Pals, auf das Meer.

Julia und Gerd, die Hauptfiguren unseres Projektes „Bauer trifft Bloggerin“ und die beiden Protagonisten dieses Buchs, wollen in der nächsten Zeit mit uns, den top agrar-Journalisten Reingard Bröcker und Ludger Schulze Pals, über ehrenamtliches Engagement reden – offen, ehrlich, ungeschminkt, intim.

Dazu haben wir uns in einem ehemaligen Bauernhaus eingemietet. Es dient heute einem Energieunternehmen als Gästehaus und liegt ganz in der Nähe von Husum. Abgeschieden vom Rest der Welt erleben wir dort drei Tage, die für alle Beteiligten Neuland sind. Wir diskutieren leidenschaftlich, kochen, essen und trinken gemeinsam und reden, reden, reden…

ERST MAL EIN „PHARISÄER“

Beim Start am Fähranleger von Dagebüll stehen wir uns noch etwas unsicher gegenüber. Das liegt sicher auch am Wetter. Es ist ein typischer, norddeutsch-ungemütlicher Mittwochmorgen. Aber es ist nicht nur das. Alle schauen wir mit einer Portion Respekt und Skepsis auf die nächsten Tage. Wir fragen uns: Finden wir den Draht zueinander? Vertrauen wir uns? Schließlich kennen wir uns nur oberflächlich. Wie man sich eben so begegnet in seinen Rollen als Bloggerin, Bauernpräsident, Journalist und Journalistin.

FRIESISCH WARM WERDEN

Bei gefühlten Außentemperaturen von knapp über dem Gefrierpunkt müssen wir im wahrsten Sinne des Wortes erst einmal warm werden. Julia hat dafür das ideale Getränk mitgebracht. Sie überrascht uns mit einem „Pharisäer“, dem nordfriesischen Nationalgetränk. Das ist ein starker, frisch gebrühter Kaffee, der

Oben: Das „Basislager“ im Cecilienkoog. Unten: Volker Nissen zeigt Gerd Haus und Garten.

mit einem ordentlichen Schuss braunem Rum und einer Haube aus fetter, geschlagener Sahne aufgewertet wird.

Das Getränk soll im 19. Jahrhundert auf der nordfriesischen Insel Nordstrand erfunden worden sein, als dort ein besonders strenger Pastor amtierte. Dieser verbot den Einheimischen, in seiner Gegenwart Alkohol zu trinken.

Die findigen Friesen wussten sich zu helfen und erfanden den „Pharisäer". Die dicke Sahnehaube verhindert dabei, dass der Rum im heißen Kaffee verdunstet. So riecht das Getränk nicht nach Alkohol. Dennoch bekam der besagte Pastor den Schwindel am Ende natürlich mit und soll bei seiner Entdeckung „Oh, ihr Pharisäer!" gerufen haben.

DIE LAMMPRINZESSIN

Auch bei uns tut das unchristliche Getränk seinen Dienst und wärmt Geist und Körper – allerdings nur bei Gerd und Ludger. Julia und Reingard müssen sich mit einem „Pharisäer" ohne Alkohol begnügen. Die beiden sind schwanger.

Wir brechen auf zu einer kleinen Spritztour in die Umgebung. Julia ist hier zu Hause und will uns mit Land und Leuten bekannt machen. Die erste Station ist der Landhof Carstensen in der 650-Einwohner-Gemeinde Galmsbüll.

Rund 200 Mutterschafe und 20 Mutterkühe beweiden die Deiche und das Grünland des Bio-Betriebes. Inhaber Christian Carstensen und seine Familie vermarkten einen Teil ihrer Produktion direkt. Neuester Produktionszweig: die Milchverarbeitung. „Wir machen aus unserer Schafsmilch Käse, Quark und Joghurt", erklärt uns Christian. Die Milchprodukte ergänzen das Fleisch- und Wurstangebot der eigenen Rinder und Schafe. Stolz zeigt er uns den neuen Hofladen, der den Absatz weiter professionalisiert. Das Besondere: Vom Hofladen aus kann man direkt sehen, wie nebenan die Milch verkäst wird.

Auch Christians Schwester Heike Marit ist in ihrer Freizeit auf dem Hof aktiv. Die junge Frau ist die regionale Lammprinzessin und hat eigens für unseren Besuch ihr Festkleid angezogen. Als Botschafterin wirbt sie auf vielen regionalen und überregionalen Veranstaltungen für die Schafhaltung in Nordfriesland, die auch für den Hochwasserschutz unverzichtbar ist.

Christian, Heike Marit und ihre Eltern blicken im Prinzip positiv in die Zukunft. Das große Problem der Schafhalter sind auch hier die Wolfsrudel. „Wenn die Politik uns nicht ausreichend vor dem Wolf schützt, weiß ich nicht, ob sich künftig noch genug Berufskollegen finden, die bereit sind, mit ihren Schafen die Deiche zu pflegen", fürchtet Christian.

BEI JULIA ZU HAUSE

Die nächste Station ist Bargum. Hier wohnt Julia mit ihrer Familie in einem urgemütlichen, reetgedeck-

"

Wir hatten gute Gespräche,
gutes Essen und wir haben
viel gesehen. Es war bereichernd.

– Gerd Sonnleitner –

ten alten Haus, das ursprünglich einmal zu der benachbarten Mühle gehörte. Hier wohnen jetzt ihre Nachbarn.

Wir trinken einen Kaffee und bekommen einen Einblick in die Privatsphäre von Julia. Hier in Bargum kann sie abschalten. Hier hat sie die besten Ideen. Und in dem großen Haus mit dem großzügigen Grundstück kann sie nach Herzenslust werkeln. „Mit den Händen zu arbeiten, ist ein wichtiger Ausgleich für mich", verrät die Bloggerin, die wir uns eigentlich immer nur mit einer Hand am Smartphone vorgestellt haben.

ESSEN IM SCHWEINESTALL

Vor der ersten Gesprächsrunde gibt es noch ein schnelles Mittagessen im Restaurant „norditeran" in Bordelum. Das Bistro ist in einem ehemaligen Schweinestall untergebracht. Futtertröge und Stallabtrennungen sind zum Teil noch erhalten geblieben. Bei Bastian Baumgarten und Malte Peters gibt es nicht nur „Haute Cuisine", sondern auch hochwertiges „Fast Food". So können die Gäste auch ohne feinen Zwirn in einer kurzen Mittagspause schnell und gut essen. Wir tun das auch und ziehen uns dann zu unseren ersten beiden intensiven Gesprächsrunden in unser „Basislager" im Cecilienkoog, Gemeinde Reußenköge, zurück.

Die kleine Rundreise durch das schöne Nordfriesland mit seinem rauhen Charme und den freundlichen Menschen hat das Eis gebrochen. Die Anspannung ist verflogen. Wir sprechen über Kindheit, Schulzeit, den Einstieg ins Ehrenamt.

Abends kochen wir gemeinsam mit Produkten aus der Region: Es gibt Spargel und Schinken aus Nordfriesland. Lange sitzen wir am Abend zusammen. Die Themen des Nachmittags beschäftigen uns bis tief in die Nacht.

MARATHON AM DONNERSTAG

Am zweiten Tag stehen insgesamt vier Gesprächsrunden auf dem Programm. Wir wollen wissen, warum sich Julia und Gerd engagieren. Wie lässt sich diese Arbeit mit Beruf und Familie vereinbaren? Was bringt ihnen die ehrenamtliche Arbeit ganz persönlich? Wie schaffen sie es, mit

Kritik, Rückschlägen und Niederlagen fertig zu werden?

Am Mittag steht ein kleiner Ausflug zur Hamburger Hallig an. Die Hallig ist ein Überrest der bei der großen Sturmflut von 1634 zerstörten Insel Strand. Über einen vier Kilometer langen Damm kann man sie trockenen Fußes erreichen.

Von Frühjahr bis Herbst betreibt Erik Brack dort den Hallig-Krog. Auf der Karte stehen – wie könnte es anders sein – vor allem Fisch- und Lammgerichte.

Nach über zehn Stunden intensiver Gespräche sind wir alle ziemlich erledigt, aber auch inspiriert. Eigentlich wollten wir noch auswärtig essen gehen. Dazu hat aber keiner mehr Lust. Wir machen eine zünftige Brotzeit und diskutieren weiter.

DER LETZTE TAG

Nach einer allerletzten Gesprächsrunde ist alles Wichtige gesagt und auf Tonband aufgenommen. Wir beenden unsere Klausur, wie wir sie begonnen haben. Wir besichtigen GP Joule in Reußenköge, ein Unternehmen, das wie kaum ein anderes für die Zukunft dieser Region steht.

Ove Petersen und Heinrich Gärtner, zwei Landwirte, haben 2009 begonnen, grünen Strom zu produzieren. Aus einem landwirtschaftlichen Betrieb mit einer Freiflächenanlage hat sich in nur zehn Jahren ein national und international agierender Konzern entwickelt, der sich als ganzheitlicher Anbieter für regenerative Energieerzeugung aus Sonne, Wind und Biomasse versteht. Die Unternehmer sehen sich als Pioniere.

Am Freitagmittag trennen sich unsere Wege wieder. Drei Tage intensiver Gespräche liegen hinter uns. Aus den insgesamt elf Stunden Tonbandaufnahmen, vielen zusätzlichen Gesprächen, Telefonaten und Nachfragen soll in den nächsten Monaten Schritt für Schritt ein Buch entstehen. Möge der Geist aus Nordfriesland mit uns sein.

„Viel passiert!"

Ein Update auf der Grünen Woche und zwei Fotosessions: Startschuss für die Buchwerkstatt.

Von der intensiven Klausur in Husum bis zur Fertigstellung des Buches ist fast ein Jahr ins Land gegangen. Persönlich und politisch ist in dieser Zeit einiges passiert.

Gerd muss sich einer Herzoperation unterziehen, die er – seiner Robustheit sei Dank – gut übersteht. Julia bekommt eine Tochter. In der Elternzeit geht es ehrenamtlich rund: Julia gründet nach der „Trecker-Mitfahrzentrale" auch noch die „App aufs Land" und wird auf der Grünen Woche als „Influencerin des Jahres" geehrt.

Redakteurin Reingard Bröcker bekommt einen Sohn. Deshalb stößt eine weitere Redakteurin zum Team, die Reingards Arbeit weiterführt: Kathrin Hingst.

Spontan organisiert Deichdeern Julia ein Kennenlern-Treffen auf der Grünen Woche, damit auch Kathrin die Protagonisten nicht nur von den nordfriesischen Tonbändern kennt.

Sofort nehmen Julia und Gerd die scharfe gesellschaftliche Debatte über die Zukunft der Landwirtschaft auf, die den Berufsstand unter Zugzwang setzt. Sie fragen sich, welche Vor- und Nachteile die neue, neben dem Bauernverband entstandene, Graswurzelbewegung „Land schafft Verbindung" hat (siehe vorige Kapitel).

FOTOS, DIE ECHT SIND

Von Anfang an war klar, dass das Buch großzügig bebildert werden soll. Fotograf Benni Janzen gelingen authentische und nahbare Bilder von Julia und Gerd.

„Der Fotograf war geschickt", sagt Gerd, der nur ungern fotografiert wird. Ganz beiläufig habe er abgedrückt. Entstanden sind Bilder, die Gerd zeigen, wie er ist.

Julia dagegen hat Erfahrung mit Fototerminen. Sie stellt häufig Selfies, Bilder und Videos von sich ins Netz. Sie hat ein gutes Gefühl für Motive und Stimmungen. Ihr macht der Fototermin Spaß. Das Fotografiert-Werden nimmt sie ganz locker.

Impressum

AUTOREN
Reingard Bröcker, Kathrin Hingst, Dr. Ludger Schulze Pals

LEKTORAT
Katharina Meusener, Melanie Suttarp

LAYOUT & ILLUSTRATION
Dilan Atalan

TITELBILDER
Benni Janzen (3), Marko Aliaksandr/shutterstock.com (1)

FOTOGRAFIE
Benni Janzen (Hauptfotograf mit 98 Bildern), Katharina Meusener (S. 6), Alfons Deter (S. 129), Levke Jannichsen (S. 141), BMEL/Florian Gaertner/ photothek.net (S. 152), Frank Ossenbrink (S. 153), Credit NDR/Christian Wyrwa (S. 155), Privat (S. 154 | 155 | 156 | 157), Reingard Bröcker (S. 159 | 160 | 162 | 166)

TECHNISCHE UMSETZUNG
LV MediaPro, Konzeption und Datenmanagement
im Landwirtschaftsverlag GmbH, Münster

CHEFREDAKTION
Guido Höner, Matthias Schulze Steinmann

GESCHÄFTSFÜHRER
Werner Gehring, Dr. Ludger Schulze Pals, Malte Schwerdtfeger

ISBN: 978-3-7843-5632-7

1. Auflage | 5/2020

Herausgeber
top agrar im Landwirtschaftsverlag GmbH,
Hülsebrockstr. 2–8, 48165 Münster

top agrar

Druck
Westermann Druck Zwickau GmbH,
Crimmitschauer Str. 43, 08058 Zwickau